JN296148

実務にすぐ役立つ

実践的多変量解析法

superMA分析

花田 憲三 [著]

日科技連

はじめに

　筆者は，実務において固有技術の確立や定量化に対し，多変量解析法を活用してきた．しかし，多変量解析法は理論の説明に行列を用いるため，数学が得意な人でないと使う気が起こらない難解な手法である．いろいろな統計的な解析手法の中でも，特に，この多変量解析法と実験計画法がむずかしく感じられているようである．一方，研究室や企業においては，業務のスピード化と，技術の蓄積といった問題が近年重要な課題として注目されているが，ほとんどの人はこのために何をすればよいかわからなくて困惑しているのが実状である．この課題に対して有効な手法が多変量解析法である．

　多変量解析法をマスターしようとした場合，以下の点が問題となる．

① 行列算を用いて説明されるため，理屈がわかりにくい．
② 計算が厄介で，手計算では2変数ぐらいが限界である．すなわち，手計算は不可能に近いといってよい．このため，解析ソフトが必要となるが，市販されているソフトは高価である．
③ 考え方は理解できるが，実務のどのような場面で用いればよいかわかりにくい．
④ 解析法の種類が非常に多く，どれを用いてよいかわからない．
⑤ 結果の見方と実務への活用方法が結びつかない．

　また，実務において日々発生する新たな問題に対し，不都合な現象の解消（応急処置）にほとんどの時間を費やし，原因追究とその原因の除去（是正処置）まで手が回っていないのが現実である．このような場合でも，問題が単一な原因や，単純な原因の場合は対策を実施することできる．しかし，現象が複雑である場合や，複数の原因の場合は，原因を特定できないために，対策の立てられない場合がある．

　このような状況で，原因を特定しないまま闇雲に対策を実施するため，適切であるか否かも不明なことが多く，しばらくすると同じ問題が発生してしまう

はじめに

(再発)．この結果，慢性不良と呼ばれるようになり，原因不明として片づけられることになる(放置)．

このような状況に陥らないように問題を解決する解析手法の一つがsuperMA (Multivariate Analysis)分析である．このsuperMA分析は従来からある多変量解析の手法の応用方法の一つであるが，一部の専門家しか利用してこなかった．

現在，ほとんどの職場でパソコンが利用されているが，現状の固有技術確立・技術向上や問題解決に利用している人は少ない(ほとんどの人は集計作業や資料作成に用いている)．一方，実務では不良やクレーム発生への対応で走り回っている．このような現実から抜け出すために，パソコンと本書および添付ソフトを活用していただきたい．

前著『実務にすぐ役立つ実践的実験計画法－superDOE分析－』と同様，以下の点を基本コンセプト(方針)として開発した．

① 解析ツールは，パソコンにエクセルの機能を保有していれば動作する．
② 解析結果を報告書にそのまま貼り付けることができる．

本書で紹介した方法はこれまで，実務家に対して紹介されてこなかった．したがって，実務に役立たせることを第一義としたので，本書では極力理論の説明を省略し，事例を用いて考え方や適用方法を説明することを心がけた．また，高価なソフトを別途購入しなくてすむように，エクセルで動作するソフトを"superMA分析"として添付した．

本書を通じて，多変量解析法を活用する仲間が増え，業務に著しい成果をあげることを期待する．

最後に，本書の刊行にあたり，大阪大学の森田 浩 教授，日本科学技術連盟の山田ひとみ氏，日科技連出版社の小川正晴氏，清水秋秀氏にはひとかたならぬお世話になりました．紙面を借りてお礼を申し上げます．

平成18年5月

花 田 憲 三

目 次

はじめに……………………………………………………………………… iii

第1章　なぜ，いま superMA 分析か……………………………… 1

1.1　superMA 分析とは ……………………………………………… 1
1.2　実務における課題の例と解決法 ……………………………… 4
1.3　結果と原因を見る：グラフ …………………………………… 6
1.4　結果と原因の関係を式で表す：定式化の意味は？ ………… 8
1.5　他の条件とのトレードオフ関係の評価：特にコストの制約 ……… 9
1.6　相関・回帰とその役割：ばらつきを小さくする …………… 9
1.7　相関と回帰のしくみ …………………………………………… 12
1.8　相関係数とは …………………………………………………… 13
1.9　回帰とは ………………………………………………………… 17
1.10　区間推定とは：最悪の場合と最良の場合の推測 …………… 23
1.11　品質保証における利用：個々のばらつきの推測 …………… 25
1.12　経験・勘・度胸（KKD）による解決とその限界 …………… 26
1.13　単一原因ではないときの方法：慢性不良とは ……………… 27
1.14　多変量解析の手法一覧 ………………………………………… 27

第2章　superMA 分析の操作手順 ………………………………… 29

2.1　解析の方法 ……………………………………………………… 29
2.2　ソフトの使用方法 ……………………………………………… 29
2.3　解析結果の見方 ………………………………………………… 34

目　次

第3章　納入会社別に部品の評価をしたい（層別単回帰分析） ……41

3.1　適用場面の例 …………………………………………………41
3.2　superMA分析による解析の方法 ……………………………44
3.3　結果の見方 ……………………………………………………46
3.4　明らかに傾きが異なる場合の解析方法 ……………………48

第4章　複数の原因で起こっているのでは（重回帰分析） ………55

4.1　重回帰分析とは ………………………………………………55
4.2　単回帰と重回帰分析の理論と計算方法 ……………………57
4.3　解析の方法と結果の見方 ……………………………………62
4.4　重回帰分析の種類 ……………………………………………69

第5章　良品と不良品では作り方に違いがあるのだろうか（判別分析） ……73

5.1　適用場面の例 …………………………………………………73
5.2　判別とは（グルーピング） …………………………………75
5.3　解析の理論 ……………………………………………………79
5.4　解析の方法 ……………………………………………………86
5.5　結果の見方 ……………………………………………………87
5.6　判別関数の活用 ………………………………………………89

第6章　アンケートの結果を解析したい（数量化理論Ⅰ類） ………93

6.1　数量化理論Ⅰ類の理論と計算方法 …………………………93
6.2　数量化理論によるモデル化 …………………………………95
6.3　例題の解法 ……………………………………………………97

6.4	解析の方法	105
6.5	カテゴリー分けの方法	111
6.6	解析の中でのカテゴリー化の手順	112

第7章　不良率の解析をしたい（ロジスティック回帰分析） 123

7.1	ロジスティック回帰分析とは	123
7.2	解析の理論	125
7.3	superMA分析による解析の方法	131

第8章　原因と結果の関係が直線でないときには（曲線回帰分析） 135

| 8.1 | 適用場面の例 | 135 |
| 8.2 | 解析の方法 | 138 |

第9章　多変量解析法の利用上の注意点 143

9.1	多重共線性（マルチコ：multicolinearity）	143
9.2	理論式との比較	147
9.3	変数の存在範囲（重回帰式の成立領域）の確認	150
9.4	残差の絶対値のチェック	151
9.5	偏回帰係数のチェック	152
9.6	残差分析（回帰診断）	152
9.7	よいデータと悪いデータ（解析可能性）	154

第10章　エクセルマクロによる回帰分析（計算手順理解のために） 159

| 10.1 | エクセルを使った例題 | 159 |

目　　次

　　10.2　エクセル分析ツールを用いて解析 …………………………………… 164

付録　基礎の復習………………………………………………………………… 169
あとがき―さらなる進歩のために―　………………………………………… 173
参考文献…………………………………………………………………………… 175
付属CD‐ROMについて ………………………………………………………… 177
索　　引…………………………………………………………………………… 179

第1章　なぜ，いま superMA 分析か

1.1　superMA 分析とは

　統計解析法を学んだ人が，いざ実務に活用しようとすると，職場で取扱うデータは単純なものではなく，複数の項目にわたるデータの場合が多いといえよう．データの項目が複数ある場合の解析は，多変量解析法を用いることになる．

　そこで，どのように取り組むことになるかを想定すると，
　第1段階：テキストを見ながら手計算を行う
　第2段階：まわりに解析ソフトを持っている人がいないか探す
　第3段階：プログラムを書ける人は，自分で解析用プログラムを作る
　第4段階：解析ソフトを買う（多くの場合は，所属している組織に買ってもらう）
　第5段階：解析専門のセンターに依頼する
という段階を経るだろう．

　この取組みを進めていく際に，次の段階へ進む人とそこであきらめる人に分かれるが，特に多変量解析は計算がむずかしいため，第1段階で足踏みしてしまう人が多いといえよう．このような人に大いに役立つものが，本書の superMA 分析なのである．superMA 分析は，手計算やプログラミングが不要で，基本的な統計解析の知識があれば，すぐにデータの解析ができる．本書の巻末に superMA 分析のソフトを添付しており，Windows が動作するコンピュータでエクセルが入っているだけで，superMA 分析のソフトは使用できるのである．

　多変量解析法でよく用いられる手法には，職場の問題の内容に応じて表1-1

第1章 なぜ,いま superMA 分析か

に示すものがある."単回帰分析"と"重回帰分析"の解析ツールは,エクセルに限定機能ではあるが標準で搭載されている.

しかし,エクセルの回帰分析は,変数が 15 以下であることや,使用方法についての解説がないなど,本格的に実務に適用しようとすると不十分になってくる.したがって,通常は適用しようとする問題の特徴ごとに,対応する解析ソフトが必要になってくるのである.

表1-1 問題の特徴と多変量解析法の解析手法

問題の特徴	解析手法
原因が単一のとき	単回帰分析
原因が分類のとき	層別回帰分析
原因が複数のとき	重回帰分析
2つのグループのとき	判別分析
率の分析のとき	ロジスティック回帰分析
関係が曲線的なとき	曲線回帰分析

注) それぞれの対応ソフトが必要で,高価な解析ソフトが別売り.

しかし,superMA 分析は,表1-1の各種解析ツールを用意しなくても,すべてについて解析可能なのである.superMA 分析は,重回帰分析で代表される線形推定・検定論にもとづくものであり,表1-2に示すような特徴を備えている.

本書では,superMA 分析を実務で活用できることを第1の目的としている.そのため,理論についての解説は最小限にして,事例をもとにsuperMA 分析の使用方法や活用方法に紙面を割いた.

superMA 分析による解析手順はきわめてシンプルであり,図1-1に示すように6つのステップから成り立っている.

1.1 superMA 分析とは

表1-2　superMA 分析の特徴

1．ソフトは本書に添付しており，別途購入の必要がない．
2．1つのツールで解析可能．
3．解析手順も1種類を覚えればよい．
4．複合した解析ができる．
5．むずかしい理論や計算が不要．
6．エクセルの上で動くプログラムで，セルの操作が不要．
7．結果はエクセルのレポートに利用できる．
8．むずかしいプログラムを覚えなくてもすぐに使える．

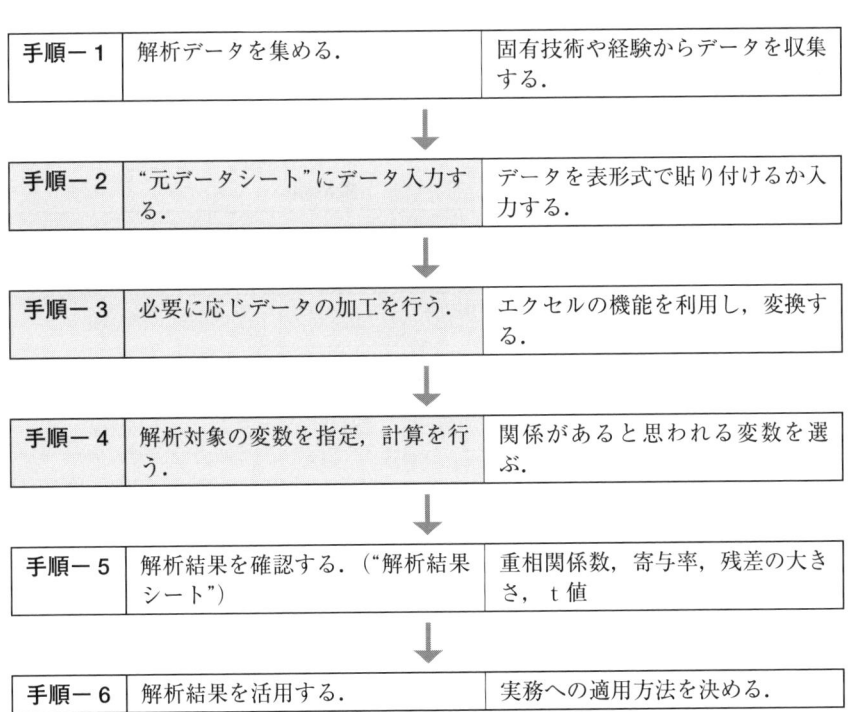

手順－1	解析データを集める．	固有技術や経験からデータを収集する．

↓

手順－2	"元データシート"にデータ入力する．	データを表形式で貼り付けるか入力する．

↓

手順－3	必要に応じデータの加工を行う．	エクセルの機能を利用し，変換する．

↓

手順－4	解析対象の変数を指定，計算を行う．	関係があると思われる変数を選ぶ．

↓

手順－5	解析結果を確認する．("解析結果シート")	重相関係数，寄与率，残差の大きさ，t値

↓

手順－6	解析結果を活用する．	実務への適用方法を決める．

図1-1　superMA 分析の解析手順

第1章　なぜ，いま superMA 分析か

　本書の構成は，第1章で統計解析の基本である情報の読み取り方を，第2章で superMA 分析の操作方法と結果の見方を解説している．第3章以降は，それぞれの適用場面における解析事例と，解析方法について解説している．読者が，必要とする章を必要なときに読めば理解できるように，章を配置している．

1.2　実務における課題の例と解決法
（こんなとき，どうすればよい？）

【ケース1】　M電器株式会社のA氏は，新製品の開発のヒントを得るために実施したアンケートを前にして，「これをどのようにして見れば，顧客の意見や動向がわかるのだろうか？」と悩んでいる（表1-3）．

　この500人分のアンケート結果をどのように料理すれば，欲しい情報を取り出せるのだろう．

表1-3　アンケート集計表

アンケート回答者	性別	年齢	住所	好きな色	1カ月の小遣い(円)	…	電器製品に使える金額(円)
1	男	21	大阪	青色	30,000	…	30,000
2	男	45	愛知	黄色	50,000	…	300,000
3	女	18	兵庫	赤色	28,000	…	23,000
⋮	⋮	⋮	⋮	⋮	⋮	⋮	⋮
500	女	32	東京	緑色	45,000	…	210,000

【ケース2】　N電子株式会社のB氏は，工場の生産技術担当である．従来から，C製品には 0.3％の不適合品が発生している．しかし，現状ではその発生原因は判明していない．どうも単一の原因で起こっているのではないようだ．

どのような条件のときに，不適合品が発生するのかを，まず整理して，その真の原因を探し，対策を行いたい．生産時の機械や作業の状態は生産記録として保存されている．

B氏はこれらの記録を活用して，どのように傾向を分析すればよいかわからない．

【ケース3】 P株式会社のD氏は，部品を加工・組み立てて製品Fを作っている．この中でも，部品GとHの接着強度は製品Fの重要特性の1つである．ときおり，製品Fに接着強度の低いものが発生して，クレームになっている．そこで，従来のものに比べ，接着強度を10ポイント高くすることにした．

実績を調べると，従来の製品の中にも，10から15ポイント高いものができていることがわかった．現在の生産条件をその条件に合わせれば，現状の部品や方法を大きく変えることなく，製品Fの接着強度を10ポイント高くすることは可能であると判断できる．この条件を見つけるのにはどうすればよいのだろうか？

【ケース1】から【ケース3】は，仕事のなかでよく発生することである．これらの業務に共通しているのは，多くの因子(要因・変数・条件)の中から，本当に影響している因子やその組み合わせ条件を探索するという点である．単一の原因であれば，グラフを描くと，大抵のことは推測できる．2つの原因が組み合わさったものであれば，少しやっかいだが，3次元の立体的なグラフを描くことでわかる場合が多い．しかし，原因と考えられる候補が3つ以上ある場合，このグラフを用いた視覚による方法は困難である．

このようなときに威力を発揮するのがsuperMA分析(多変量解析法の一つ)である．この分析法では，いろいろなケースに適用できる各種手法が開発されている．すべてを説明するのはページ数の関係でむずかしいので，実務によく使用される手法に絞って解説を行う．

また，実務で活用することに力点を置き，極力，数式を排除し，理論の説明

は必要と思われる範囲に限定した．なお，superMA分析の操作手順に入る前に，多変量解析を行う上で，基礎となる統計の知識について次に説明しておく．

1.3 結果と原因を見る：グラフ

(1) データ

何か興味のある事象を表現する場合，いろいろな状態や種類を表すのがデータである（表1-4，表1-5）．しかし，データにも種類はいろいろある．このデータを**変量**といい，【ケース1】で示したアンケートの例のように項目が複数あるものを**多変量**という．このデータ群を解析することを多変量解析と呼

表1-4 尺度によるデータの種類

名称	分類尺度データ	順序尺度データ	間隔尺度データ	比尺度データ
英語	nominal scale	ordinal scale	interval scale	ratio scale
説明	A社，B社の製品・部品	1級，2級，…といった順位	温度のように100℃，125℃といった連続的な指標	間隔尺度の中で，長さや重さのように原点を保つ尺度

注）これらの変数は，結果を表す場合，**目的変数**（関係を式で表す場合の$y = F(x)$のy）といい，それを表現するために用いる場合は，**説明変数**（関係を式で表す場合の$y = F(x)$のx）と呼ばれる．

表1-5 変数の名称

Y	**目的変数**，被説明変数 従属変数(dependent variable) 内生変数(endogenous variable)
X	**説明変数**(explanatory variable) 独立変数(independent variable) 外生変数(exgenous variable)

ぶ．

　本書では，その中で最もよく用いられるものについてエクセルで解析可能としたものを"superMA分析"と呼び，解析のソフトを添付している．

(2) グラフ

　データを見るには数字を直接見るよりも，グラフにした方が全体像をつかみやすい．グラフにもいろいろあるが，2つの変数間の関係を見るには散布図が最も適している(図1-2)．

　散布図は片方の変数(要因)を横軸にとり，もう一方の変数(要因)を縦軸にとり，交じわるところに点を打ったもの(プロット)である．2つの関係を知るには最も適したグラフである．

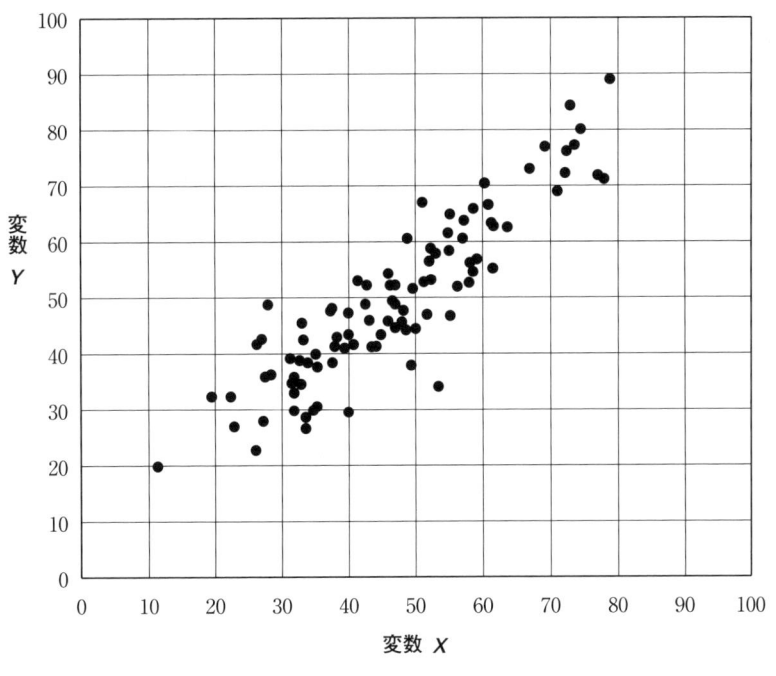

図1-2　散布図

点の配置が右肩上がりである場合は，変数Xの値が大きくなれば，変数Yの値も大きくなることがわかる．

1.4　結果と原因の関係を式で表す：定式化の意味は？
（単回帰分析）

　図1-3のような筒型の加熱器がある．この中に製品を入れて加熱し，1000℃で焼成している．中の温度は温度計により測定している．温度は横に付いたバルブで調整する．このバルブには0から100の目盛りが付いている．この炉は電気式で1目盛り上げるごとにコストが「＋10円/個」と変わる．この目盛りと温度は，

　　　（温度）＝ 10 ×（目盛り）＋ 500

という関係がある．

　一般的な表現をすると，

　　　$y = ax + b$

と書く．このとき，目盛りを50にすると，温度は先ほどの式より，

　　　（温度）＝ 10 × 50 ＋ 500 ＝ 500 ＋ 500 ＝ 1000 ℃

になることが予想される．

　この関係がわからないと，毎日，適当に目盛りを回し，温度計の結果を見ながらつきっきりで調整しなければならない．このように，「温度」と「目盛り」の関係を式で書く（定式化）ことができると，誰でも毎回同じように作業できる

図1-3　筒型の加熱器

(標準化)という利点が発生する．また，別の日に同じようにバルブを設定しても，温度が同じように上がらなければ，何かに異常が発生していることがわかる．これも，利点の一つである．

1.5 他の条件とのトレードオフ関係の評価：特にコストの制約

品質問題で温度を5℃上げる必要ができたときは，コストが「＋5円/個」上昇することが別の関係よりわかる．温度を上げなければ，不良品が5％発生し，「10円/個」コスト高になるとすると，温度上昇の「＋5円/個」と不良品発生防止の「－10円/個」とで，トータル「5円/個」のコスト低減ができることがわかる．

以上のように，2つ以上の要因の関係を式で表すことができると

① 作業を標準化できる(誰でもできる，毎回同じ作業ができる)
② 環境条件が変わったときに，変化すべき状態が予測できる
③ 他の条件との折り合い(トレードオフ)関係を客観的に判断できる
④ 異常の発生がわかる

等のメリットが生じる．

1.6 相関・回帰とその役割：ばらつきを小さくする

前述のように定式化するには，関係を表したい特性値(Y)と要因(X)の対のデータをとり，グラフに描いてみると，図1-4のようになることが多い．

この関係式：$Y = aX + b$を，データから求めた回帰式という．

今回得られたデータが通常の操業範囲で得られたものであるとすると，特性値Yは図1-5の範囲で上下にばらついていることになる．この特性値Yがばらつくことで，コストが高くなったり，不良品が出ることがよくある．このようなとき，ばらつきを減らすことが必要になるが，以上のような関係がわかれ

第1章 なぜ,いま superMA 分析か

関係式

$$Y = a \times X + b$$

ここで,

　　a, b：係数(定数)

で,この a, b を求める.

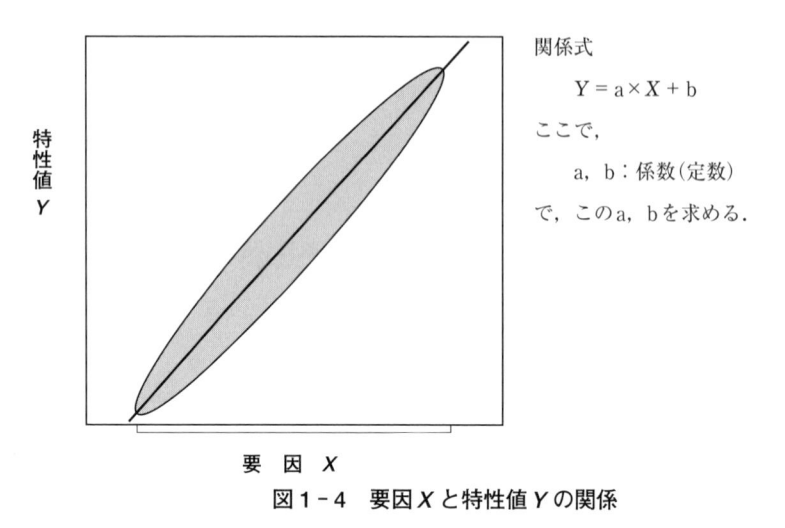

図1-4　要因 X と特性値 Y の関係

操業範囲を指定しないとき

図1-5　要因 X と特性値 Y の関係

ば,これは簡単である.要因 X の値を固定すればよいのである.
　要因 X と特性値 Y の関係がわかっていない場合,通常要因 X の値は管理(コントロール)されていない.したがって,図1-5のように特性値 Y も縦軸の範囲全体にばらついてしまう.

1.6 相関・回帰とその役割：ばらつきを小さくする

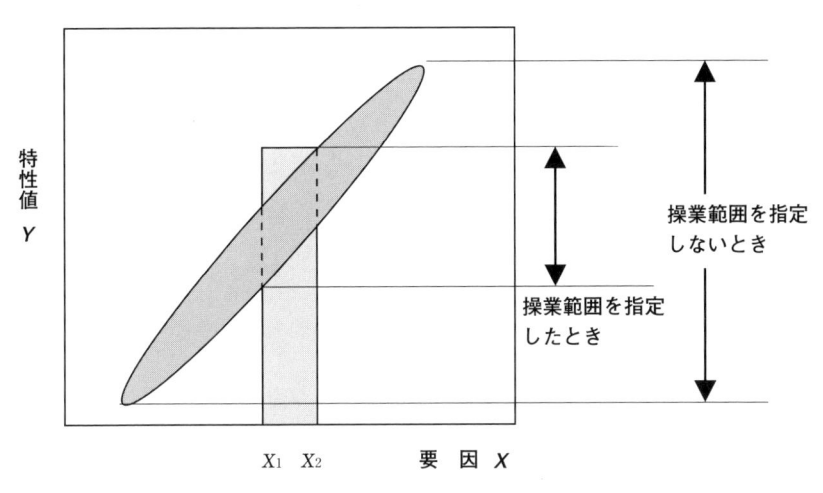

図1-6 要因Xと特性値Yの関係

　実務でむずかしいのは，この要因Xがわからないことだが，このように散布図を描いてみると，要因Xの管理方法は即座にわかるのである．

　このためには，特性値Yのばらつきに興味をもたなければならない．興味がなければ，ばらつきにも気がつかないし，原因を探す気も起こらないであろう．

　図1-6のように，この要因（変数）Xの値をある範囲（$X_1 \sim X_2$）に限定すると，特性値Yの値の変動は半分以下になることがわかる．

　特性値Yのばらつきを小さくするには，このように関係している要因（変数）Xの値をある範囲に限定することが，最も簡単な方法である．

　この要因（変数）Xの値がばらつく理由はさまざまあるが，

① いままでは，関係がないと思い放置していた
② 特性値を調整するために，勘で調整していた
③ 操作する人や天候によって変わる

等がよくある事象である．

1.7 相関と回帰のしくみ

前述の図1-4で，要因の値が大きくなれば特性値の値も大きくなることがわかった．この関係の程度を表現することを考えてみる．この係数を相関係数(R)という．この相関係数(R)は，$-1 \sim 0 \sim 1$の値をとり，いろいろなところで大活躍する値である．これについて以下に説明する．

(1) 相関係数の相関は，どんなときに使われるのか

① 商品Xが売れると，商品Bも同じようによく売れる．
→ 原因はわからないが，2つのものの現象の動きや傾向を見て，その裏に隠れている何かの法則を推測したいとき．
② 製品Fの特性値Zに影響している要因や原因を探し出したい．
→ ある結果に何が影響しているかを知りたいとき．

それでは，グラフにおけるデータのばらつきの様子の代表的なものを次に示す(図1-7)．

①の状態は，Xの値を固定しても，Yのとる値の範囲が広く，関連づけがむずかしいことがわかる．このような場合は，「相関がない」という．

②の状態は，Xの値を固定すると，Yの値は1点もしくは，非常に狭い範囲に決まる．このような場合は，「強い相関がある」という．

③の状態は，Xの値を固定すると，Yの値は①の場合に比べて少し狭い範囲に収まりそうで，なおかつ，Xの値の増加につれて，Yの値が増加傾向を示している．このような場合，「少し相関がありそう」という．

④の状態は，③に比べて，もう少しその傾向が顕著になっている．このような場合は，「かなり相関がある」という．

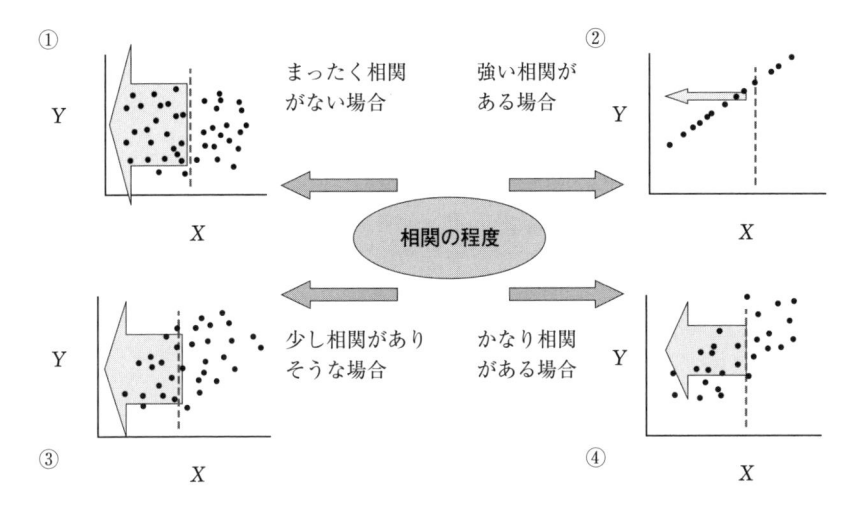

図1-7　相関の程度による代表的な散布図

注）　そう‐かん【相関】（correlation）の意味（広辞苑（第2版）より）
① 　相互に関係しあっていること．互いに影響しあう関係にあること．「――関係」
② 　[数]2つの変量がかなりの程度の規則正しさをもって同時に変化していく性質．

1.8　相関係数とは

(1)　相関係数の意味

図1-8に示すように，散布図に描かれたデータをxの平均とyの平均の線で分けると，4つの部分に分けることができる．これを象限という（表1-6）．右上を第Ⅰ象限とし，反時計周りで，順番にⅡ，Ⅲ，Ⅳ象限という．ⅠとⅢにあるデータの数と，ⅡとⅣにあるデータの数の差が大きくなるほど相関が強い．

(2)　相関係数

相関係数は式で表すと次のようになる．

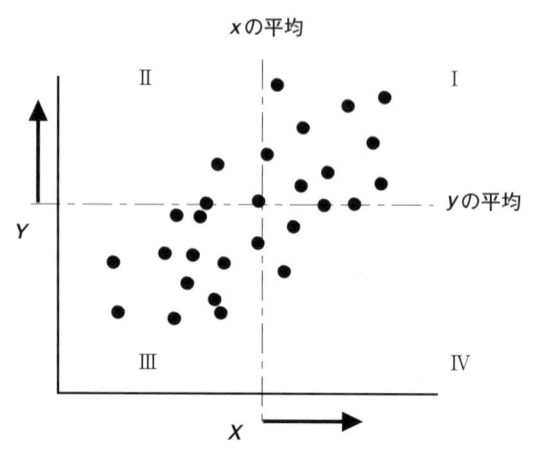

第1章　なぜ，いまsuperMA分析か

図1-8　散布図の象限分け

表1-6　象限ごとのデータの正負の符号

象限	$X = x_i - \overline{x}$	$Y = y_i - \overline{y}$	$XY = (x_i - \overline{x})(y_i - \overline{y})$
Ⅰ	+	+	+
Ⅱ	−	+	−
Ⅲ	−	−	+
Ⅳ	+	−	−

$$r_{xy} = \frac{\sum (x_i - \overline{x})(y_i - \overline{y})}{(n-1) \cdot \sigma_{xx} \cdot \sigma_{yy}} = \frac{\sum (x_i - \overline{x})(y_i - \overline{y})}{(n-1)\sqrt{\dfrac{\sum (x_i - \overline{x})^2}{n-1}} \cdot \sqrt{\dfrac{\sum (y_i - \overline{y})^2}{n-1}}}$$

$$= \frac{S_{xy}}{\sqrt{S_{xx}}\sqrt{S_{yy}}}$$

　このように定義すると，データの単位や数に影響されないxとyの関係を示すことができる．
　このr_{xy}を変数xと変数yの相関係数という．この式で，S_{xx}：変数xの平方和，S_{yy}：変数yの平方和，S_{xy}：変数xと変数yの共分散，σ_{xx}：変数xの標準偏差，

σ_{yy}：変数yの標準偏差，n：データ数，である．

(3) 相関および回帰分析の手順

手順-1 データの採取もしくは準備．

関係を調べたい2つ以上の項目に関して，セットでデータを集める．縦方向にサンプル番号，横方向に項目を並べた表形式にする．

手順-2 どの項目とどの項目は関係があるという仮説を立てる．

関係があると考えられるのは，経験や固有技術や理論による．

手順-3 散布図を描く．

ここで，層別の情報や相関の有無の概略を視覚的に確認しておく．

この段階で，計算するか否かも判断する．

まったく相関がないようであれば，計算するのは時間の無駄．

手順-4 変数の片側をx，もう一方をyとして平方和を求める．(表1-7)

① 偏差(平均からのズレ量)の式

xの合計；$\sum x_i$

yの合計；$\sum y_i$

xの平均；$\bar{x} = \sum x_i/n$

表1-7 偏差と平方和を求める表

計算表	X 元データ	Y 元データ	$(x_i - \bar{x}) = dx$	$(y_i - \bar{y}) = dy$	dx^2	dy^2	$dxdy$
1	x_1	y_1	$x_1 - \bar{x}$	$y_1 - \bar{y}$	x_1^2	y_1^2	$x_1 y_1$
2	x_2	y_2	$x_2 - \bar{x}$	$y_2 - \bar{y}$	x_2^2	y_2^2	$x_2 y_2$
⋮	⋮	⋮	⋮	⋮	⋮	⋮	⋮
n	x_n	y_n	$x_n - \bar{x}$	$y_n - \bar{y}$	x_n^2	y_n^2	$x_n y_n$
合計	$\sum x$	$\sum y$	$\sum dx$	$\sum dy$	$\sum x^2$	$\sum y^2$	$\sum xy$
意味	平均を求める		0になる	0になる	S_{xx}	S_{yy}	S_{xy}

y の平均 ; $\bar{y} = \sum y_i / n$

x の偏差 ; $x_1 - \bar{x}$, ・・・, $x_2 - \bar{x}$, ・・・, $x_n - \bar{x}$

y の偏差 ; $y_1 - \bar{y}$, ・・・, $y_2 - \bar{y}$, ・・・, $y_n - \bar{y}$

② 平方和(偏差を2乗して合計したもの)の式

x と x の平方和 ; $S_{xx} = \sum (x_i - \bar{x})^2$

x と y の平方和 ; $S_{xy} = \sum (x_i - \bar{x})(y_i - \bar{y})$

y と y の平方和 ; $S_{yy} = \sum (y_i - \bar{y})^2$

③ 自由度(実質的なデータの数)の式

i 列の因子 x の自由度 ; $\phi_i = 1$

全自由度 ; $\phi_T = n - 1$

誤差の自由度 ; $\phi_e =$ (誤差に割り当てた列数の合計)

手順 - 5 相関係数を算出する.

$$R = \frac{S_{xy}}{\sqrt{S_{xx}}\sqrt{S_{yy}}}$$

$R^2 =$ (寄与率, $0 \leq R^2 \leq 1$)

手順 - 6 検定する.(式として意味があるか否かの判定)

① サンプル数より, 自由度 ϕ を求める.

$\phi = n - 2$

② 検定の基準を決める.

$\alpha = 0.05$ (5%としたが実務ではあらかじめ決めておくこと)

③ 数値表の R 表より, R 値を求める(添付ソフト"統計数値表"を用いてもよい).

$R(\phi, \alpha) = $ ・・・

④ 手順4で求めた R と $R(\phi, \alpha)$ とを比較する.

$R \geq R(\phi, \alpha)$ のとき, 有意(相関あり)

$R < R(\phi, \alpha)$ のとき, 有意でない(相関なし)

手順 - 7 回帰直線を計算する.(直線関係が認められるとき)

$y = a + bx$ の a , b の係数を求める.

表1-8 分散分析表（例）

要因	平方和	自由度	平均平方(分散)	F_0	分散の期待値
回帰による	S_R	ϕ_A	$V_R=S_R/\phi_R$	V_R/V_e	$\sigma_e^2+\beta^2 S_{xx}$
残差	S_e	ϕ_e	$V_e=S_e/\phi_e$		σ_e^2
合計	S_T	ϕ_T	————	————	————

$y = a + bx$　（単回帰とした場合）

$b = S_{xy}/S_{xx}$　（直線の傾き）

$a = \bar{y} - b\bar{x}$　（y切片：$x=0$のときのyの値）

手順-8 回帰式を検定する．（分散分析，手順6のみでもよい）（表1-8）

$S_R = b^2 S_{xx} = S_{xy}S_{xy}/S_{xx} = S_{xy}^2/S_{xx}$

$S_e = S_{yy} - S_{xy}S_{xy}/S_{xx} = S_{yy} - S_{xy}^2/S_{xx} = S_{yy} - S_R$

$S_T = S_{yy}$

1.9　回帰とは

(1)　回帰の考え方

　それでは，回帰式を求める方法について説明する．前述したようなxとyのグラフ（これを散布図と呼ぶ）を描き，ここに描き込んだ点の集まりに，さらによく沿うように線を引いても悪くはない．しかし，どのような基準で線の位置を決めたかを明確にしておかないと，線を引く人によって線の位置が変わってくる．これでは困る．そこでよく用いられるのが，次に示すように，回帰線とデータの距離（これを回帰分析では，**残差**という）の２乗を足しあわせたもの（これを，**２乗和**という）が最小になる回帰線を求めるようにしている．以上の理由により，この方法を誤差の最小二乗法（最小自乗法）という．図1-10で示すようにe_iがi番目のデータの回帰直線からのずれ，すなわち，残差である．破線で示した部分が回帰直線の効果を表している．この部分を"回帰による変

第1章　なぜ，いまsuperMA分析か

動部分"といい，この値が小さいことは，回帰直線が限りなくx軸と平行になることを表している．これは，Xの値がいくら変化してもy軸の値は変化しないことを表している．すなわち，Xの値とYの値は関係がないといえる．前項で説明した，相関がないというのである．

今回は，回帰式を直線と考え，

$$y_i = a + b x_i + e_i$$

として解析した．これを回帰モデルという．原点を通る式の場合は，$a = 0$であるので，

$$y_i = b x_i + e_i$$

となる．この式のe_iが残差である．この残差は，平均が0で，分散がσ^2である正規分布に従うと仮定する．a，bが求めたい係数である．求める母集団の関係は，

$$y_i = \beta_0 + \beta_1 x_i$$

であると考え，このβ_0，β_1を推定しているのである．

(2) "回帰"の名の由来

回帰（regression）というのは，2つの変数の関係を調べていたイギリスの生物学者ゴールトン（Sir Francis Galton）は，身長の高い父親からは背の高い子供が生まれ，身長の低い父親からは背の低い子供が生まれる確率が高く（図1-9），両者の関係は$Y = X$という45度の傾斜の直線で表されるはずであると考え，データをとったところ，図1-9に示すように45度よりも寝た傾斜の関係であった．すなわち，全体的に平均に近づく傾向があることが判明したのである．これを，「子供の身長は，平均へ回帰（元に戻ること）している．」と表現した．このことがもとになって，2つの変数の関係を調べるとき，回帰分析を行うと呼ばれるようになった．また，回帰分析で求められた式を**回帰式**という．もともと2つの変数の関係を表現するときに使っていたが，現在では2つ以上の関係を表すときもこの回帰という用語を一般的に用いている（原著は男

1.9 回帰とは

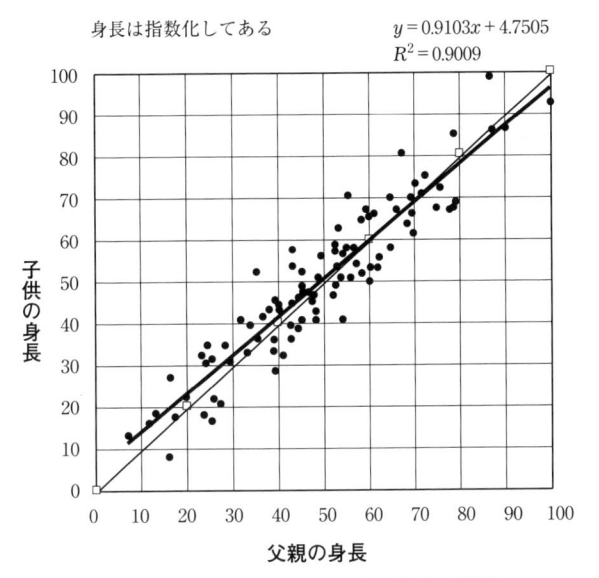

身長は指数化してある $y = 0.9103x + 4.7505$
              $R^2 = 0.9009$

図1-9 父親の身長と子供の身長の関係

の子であったが，本書での説明は子供とした）．

(3) 回帰分析のしくみ

個々のデータと回帰式との関係を図1-10に表す．
個々のデータを$P(x_i, y0_i)$，回帰式からのずれをe_iで表す．
データとYの平均値との距離を分解すると次のようになる．

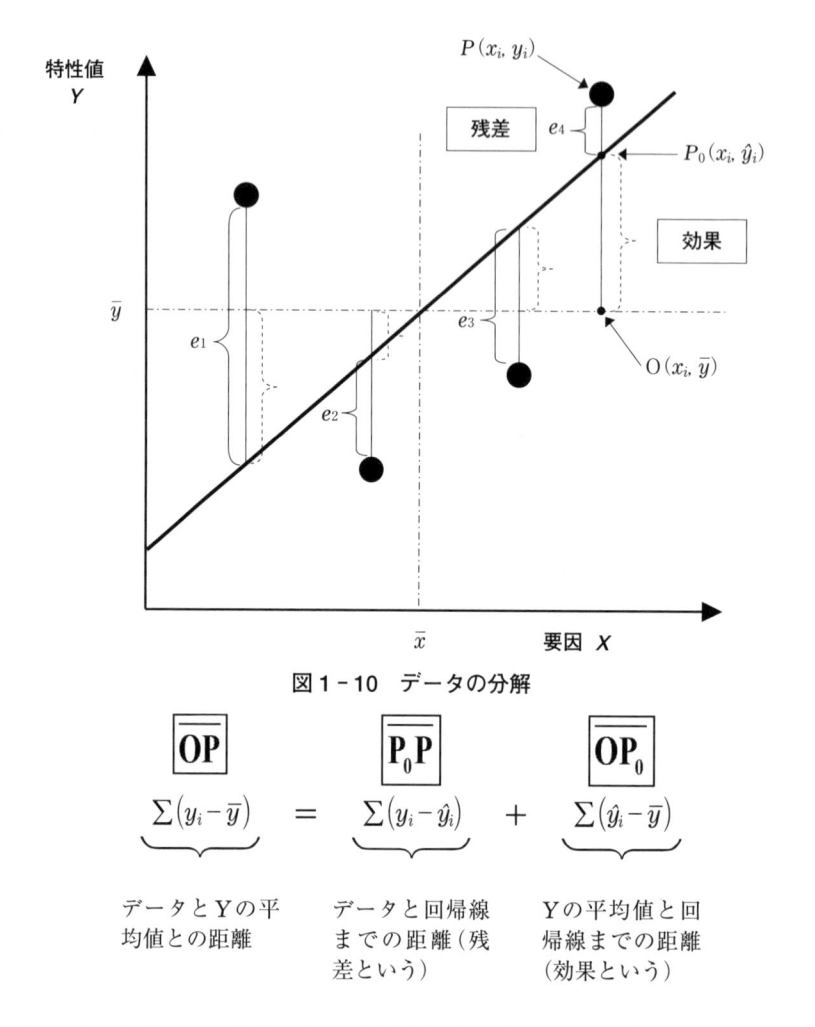

第1章 なぜ，いま superMA 分析か

図1-10 データの分解

$$\underbrace{\overline{OP}}_{\sum(y_i-\overline{y})} = \underbrace{\overline{P_0P}}_{\sum(y_i-\hat{y}_i)} + \underbrace{\overline{OP_0}}_{\sum(\hat{y}_i-\overline{y})}$$

データとYの平均値との距離 ／ データと回帰線までの距離（残差という）／ Yの平均値と回帰線までの距離（効果という）

　このままの形では，分解の仕方は無限に存在するので，2乗して分解する（直角三角形の3平方の定理を使うと独立した値に分解できる）．

$$(a+b)^2 = a^2 + 2ab + b^2 = a^2 + b^2$$
$$(\because a \perp b \text{ より } ab = 0)$$

この式のように，直角成分の性質が重要である．これを使って，書き換えると，

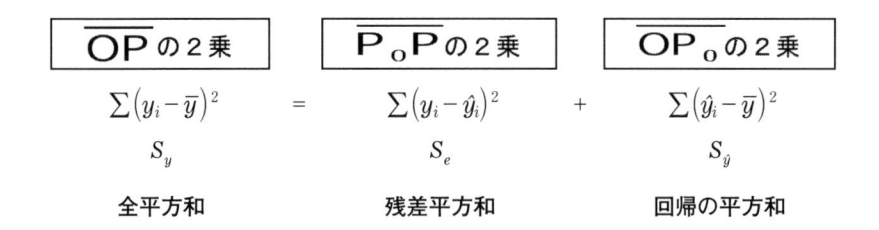

$\overline{\text{OP}}$の2乗		$\overline{\text{P}_0\text{P}}$の2乗		$\overline{\text{OP}_0}$の2乗
$\sum(y_i-\overline{y})^2$	=	$\sum(y_i-\hat{y}_i)^2$	+	$\sum(\hat{y}_i-\overline{y})^2$
S_y		S_e		$S_{\hat{y}}$
全平方和		残差平方和		回帰の平方和

というように，書くことができる．これらは，すべて偏差平方和の形になっている．これを平方和の分解という．言い換えると，回帰分析とは，平方和を回帰の分と残差の分に独立に分解することが目的である．しかしながら，独立に分解した値は無限に存在し，一つに決まらない．そこで，残差の平方和を最小にするように条件を付加する．これが，最小二乗法(最小自乗法)である．

次に，最小二乗法について説明する．

$$y_i = a + b\,x_i + e_i$$

より，残差は，

$$e_i = y_i - (\beta_0 + \beta_1 x_i)$$

となる．これを2乗し，足しあわせると，

$$S_e = \sum e_i^2 = \sum \{y_i - (\beta_0 + \beta_1 x_i)\}^2$$

このS_eを図示したのが図1-11である．これは放物面である．この放物面は頂点のところが最小値をとる．データが求められた段階で式を変形して頂点の座標を求めてもよいが，計算がたいへんである．そこで，この頂点に接する平面に着目してみる．この平面はβ_0，β_1の面(水平面)に平行であることは容易にわかる．この平面は，この放物面を頂点のところで微分すると求まる．また，この平面は傾きが0である．このことより，β_0，β_1について偏微分すると，

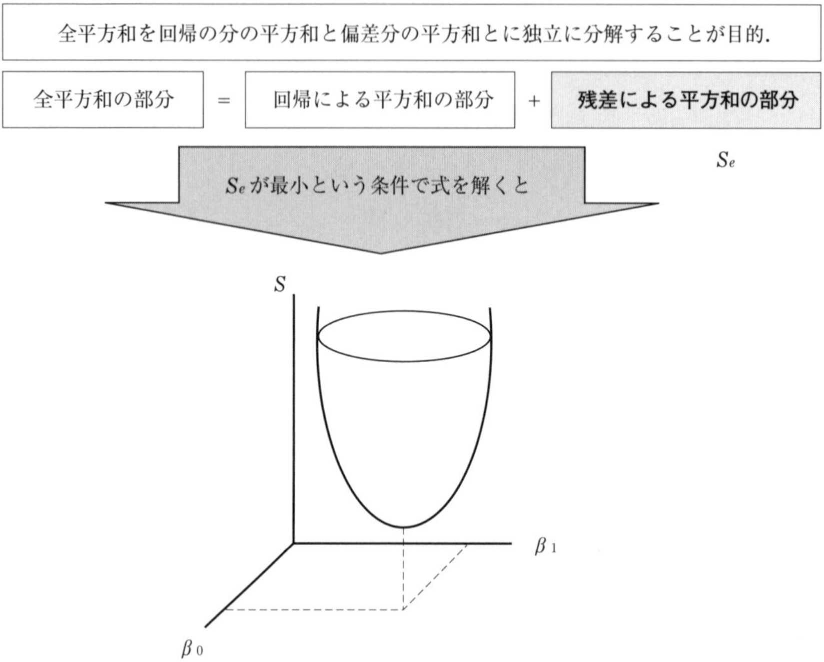

第1章　なぜ，いま superMA 分析か

全平方和を回帰の分の平方和と偏差分の平方和とに独立に分解することが目的．

全平方和の部分 ＝ 回帰による平方和の部分 ＋ 残差による平方和の部分　S_e

S_e が最小という条件で式を解くと

図 1-11　誤差の平方和と回帰係数 β との関係

$$\frac{\partial S}{\partial \beta_1} = -2\sum (y_i - \beta_0 - \beta_1 x_i) = 0$$

$$\frac{\partial S}{\partial \beta_2} = -2\sum (y_i - \beta_0 - \beta_1 x_i) x_i = 0$$

の2つの式が得られる．この連立方程式を解くと，

$$\hat{\beta}_1 = \frac{\sum (x_i - \overline{x})(y_i - \overline{y})}{\sum (x_i - \overline{x})^2} = \frac{S_{xy}}{S_{xx}}$$

$$\hat{\beta}_0 = \overline{y} - \beta_1 \overline{x}$$

となる．

> 図の**放物面の頂点**のところが求める
> 回帰直線 $y_{ij} = \beta_0 + \beta_1 x_i$ の β_0, β_1 である．

回帰線の傾き
$$\hat{\beta}_1 = \frac{\sum (x_i - \bar{x})(y_i - \bar{y})}{\sum (x_i - \bar{x})^2} = \frac{S_{xy}}{S_{xx}}$$

y切片の係数
$$\hat{\beta}_0 = \bar{y} - \hat{\beta}_1 \bar{x}$$

(4) 相関分析と回帰分析

切削機におけるバルブの開度と切削量の関係，金属部品における熱処理温度と強度の関係，ある商品Pとシェアの関係など，仕事の中で，2つもしくはそれ以上の変量の関連性を調べたいことがしばしば発生する．このとき，1つの変量をx軸（横軸）に，片方をy軸（縦軸）にグラフを描くと両者の間に関連があるか否かがわかる．すなわち，"散布図"を描くことである．

厳密に言うと，2つの事象（変数）の関係（傾向）を調べる場合を相関分析といい，xが原因系でyが結果系の変数で，yの値をxの値の式で表現する場合に回帰分析というのが正しい使い方であるが，実務においてはあまり神経質にならなくてもよいであろう．

求める式が一次式のとき，単回帰分析，二次式以上の次数をもつとき，曲線回帰分析という．

また，変数が2個以上のものを重回帰分析という．この重回帰分析は多変量解析法の中でも最もよく用いられる手法である．

1.10　区間推定とは：最悪の場合と最良の場合の推測

前述の散布図を見るとわかるが，要因xの値を指定しても特性値yの値は1つにはならないで，ある範囲でばらつく．直線で示した特性値yの値は要因x

の値を指定したときの平均値を表している．したがって，この特性値が大きい方が望ましいときは，ばらつきの下側が最悪の場合の値になり，ばらつきの上側が最良の場合の値になる．この最悪と最良の値をデータから推測しておくことを区間推定という．平均的な効果としては直線上の値が期待できるが，最悪の場合このようになるということを推測しておくことは重要である．実務においては，最悪の場合でもこれだけのメリットが確保できるというように用いるとよい．

$$y = \beta_0 + \beta_1 x$$

としたとき，

$$x = x_i$$

における y の推定値は，

$$\hat{y} = \beta_0 + \beta_1 x_i$$

である．しかし，元のデータがばらついているため，予想される x_i における平均値もばらつく．

このばらつき（分散）は次のように表せる．

$$\begin{aligned} V(\hat{\mu}_i) &= V(\hat{\beta}_0) + x_i^2 V(\hat{\beta}_1) + 2x_i Cov(\hat{\beta}_0, \hat{\beta}_1) \\ &= \left(\frac{1}{n} + \frac{\bar{x}^2}{S_{xx}}\right)\sigma^2 + \frac{x_i^2}{S_{xx}}\sigma^2 - \frac{2x_i\bar{x}}{S_{xx}}\sigma^2 \\ &= \left\{\frac{1}{n} + \frac{(x_i - \bar{x})^2}{S_{xx}}\right\}\sigma^2 \end{aligned}$$

これより，x_i における平均値は以下のようになる（V_e は残差の分散）．

$$\hat{\mu}(x = x_i) = \hat{\beta}_0 + \hat{\beta}_1 x_i \pm t(n-2, \alpha)\sqrt{\left\{\frac{1}{n} + \frac{(x_i - \bar{x})^2}{S_{xx}}\right\}V_e}$$

この式でわかるように，x_i の値で ± 以降の値が変わることに注意が必要である．最もばらつく範囲が小さいのは，x_i が平均値のところである．

【例】 求められた式が $y = 2.5x + 50$ で，$V_e = 25$，$S_{xx} = 100$，$\bar{x} = 20$，$x_i = 30$ のとき，データの平均値は危険率 $\alpha = 0.05$ でどの範囲に入るか．解析に用いたデー

タ数 n = 60 であった.

$$\hat{\mu}(x=30) = 50 + 2.5 \times 30 \pm t(58, 0.05)\sqrt{\left\{\frac{1}{60} + \frac{(30-20)^2}{100}\right\}25}$$

$$= 50 + 75 \pm 2.002\sqrt{\left\{\frac{1}{60} + \frac{10^2}{100}\right\}25}$$

$$= 125 \pm 2.002\sqrt{\left\{\frac{1}{60} + \frac{100}{100}\right\}25}$$

$$= 125 \pm 2.002\sqrt{1.017 \times 25}$$

$$= 125 \pm 2.002 \times 5.042$$

$$= 125 \pm 10.094$$

$$= 114.906 \sim 135.094$$

1.11　品質保証における利用：個々のばらつきの推測

　前節で，平均値のばらつく範囲について説明した．新製品の特性値の効果や，現場の製造方法や工法の改善によって生まれるであろう効果は，通常"平均的な効果"を捉えている．一方，お客様や後工程に対する品質保証を行う立場の人は，この"平均的な効果"ではなく，"1個1個の製品の特性値"が興味の対象である．この場合は"平均的な効果"のばらつきに加え，個々の特性値のばらつきも加えて求める必要がある．この値は，

$$V(\hat{\mu}_i) = \left\{\frac{1}{n} + \frac{(x_i-\bar{x})^2}{S_{xx}}\right\}\sigma^2 + \sigma^2 = \left\{1 + \frac{1}{n} + \frac{(x_i-\bar{x})^2}{S_{xx}}\right\}\sigma^2$$

であるので，個々の特性値の推定値は次のようになる（V_e は残差の分散）．

$$\hat{\mu}(x=x_i) = \hat{\beta}_0 + \hat{\beta}_1 x_i \pm t(n-2, \alpha)\sqrt{\left\{1 + \frac{1}{n} + \frac{(x_i-\bar{x})^2}{S_{xx}}\right\}V_e}$$

【例】　回帰分析で求められた式が $y = 2.5x + 50$ で，$V_e = 25$，$S_{xx} = 100$，$\bar{x} = 20$，

$x_i = 30$ のとき,個々のデータは危険率 $\alpha = 0.05$ でどの範囲に入るか.解析に用いたデータ数 $n = 60$ であった.

$$\hat{\mu}(x=30) = 50 + 2.5 \times 30 \pm t(58, 0.05)\sqrt{\left\{1 + \frac{1}{60} + \frac{(30-20)^2}{100}\right\}25}$$

$$= 50 + 75 \pm 2.002\sqrt{\left\{1 + \frac{1}{60} + \frac{10^2}{100}\right\}25}$$

$$= 125 \pm 2.002\sqrt{\left\{1 + \frac{1}{60} \times \frac{100}{100}\right\}25}$$

$$= 125 \pm 2.002\sqrt{2.017 \times 25}$$

$$= 125 \pm 2.002 \times 7.101$$

$$= 125 \pm 14.216$$

$$= 110.784 \sim 139.216$$

1.12　経験・勘・度胸(KKD)による解決とその限界

　本書で解説するようなむずかしい方法を知らなくても,大半の問題は経験(K)と勘(K)と度胸(D)で解決できる.実際のほとんどの職場はこの経験と勘と度胸で成立してきたといっても過言ではない.しかし,このKKDによる問題解決が可能なのは原因が1つの要因の場合である.原因が複数(例えば,3つの要因がある組合せのときに発生する現象である)の場合は,よほど幸運の持ち主でないと真の原因を見つけることが困難である.実務においては,このような運に左右されてはならない.誰が取り組んでも同じ確からしさで解決できることが望ましい.

　したがって,原因が複数の場合は,ほとんど原因不明や慢性不良という状態になっていることが多い.この状態から抜け出そうとすると,本書で解説するような解析方法と標準化法を勉強して,それを実務に活用しない限り不可能で

ある.

1.13 単一原因ではないときの方法：慢性不良とは

　原因が複数である場合，役に立つのが多変量解析法と呼ばれる解析手法である．原因が単一である場合は，ほとんど速やかに解決され，通常いわれる慢性不良（2回もしくは2個以上発生する不良）にはならない．逆の見方をすると，慢性不良といわれているもののほとんどが，原因が複数である場合が多いということになる（単一原因であるにもかかわらず，いままで原因追究をしないで放置していた場合は除く）．

1.14　多変量解析の手法一覧
　　　（データと多変量のいろいろな種類の分類）

　データを使って何かを解析する場合，結果としての特性値（目的変数）があるかないかで，解析手法が大きく2つに分かれる．目的変数のある場合とない場合についての解析手法を以下に示す．本書で解説する"superMA分析"は，表1-9の網掛けの部分の解析が可能である．

表1-9　結果系(y)のある解析法の種類

目的変数 説明変数	観測可能		仮説的	
	分類尺度	間隔尺度	分類尺度	間隔尺度
分類尺度	多重分割表	数量化理論Ⅰ類・分散分析法	数量化理論Ⅱ類・クラスター分析	潜在構造解析法
間隔尺度	判別関数法	重回帰分析法	クラスター分析	因子分析法

第1章　なぜ，いま superMA 分析か

表 1-10　結果系(y)のない解析法の種類

変数の種類	代表的な手法
分類尺度	数量化理論III類・数量化理論IV類
間隔尺度	主成分分析法・因子分析・正順相関解析法

　表 1-10 に示す手法に興味のある読者は，専門の書籍を参照いただきたい．巻末に本書で参考にした文献の一覧を掲載している．

第2章　superMA分析の操作手順

2.1　解析の方法

　superMA分析は，エクセルで動作するようにVB（ビジュアルベーシック）言語を用いて作ったソフトウェアである．したがって，動作させるにはエクセルが必要である．オフィス97以降のversionで動作することを確認している（オフィス95以前のものは途中でフリーズする可能性がある）．superMA分析ソフトは付録のCD‐ROMの中に格納してあるので，手持ちのPC（パーソナルコンピュータ）にコピーして使用する必要がある．CDから直接起動した場合は，解析結果を格納するときに"別名で保存"を選び，ハードディスクや書き込み可能のメディア（フロッピー，ZIP，MO，USBメモリーやSDカード等）に保存する．

　なお，Windowsで動作するが，MACでは動作しない．また，エクセルはマクロを使用できる設定とすることが必要である（以下に記述する（注）のとおり設定していただきたい）．

2.2　ソフトの使用方法

【基本操作】
操作手順－1　「superMA分析.xls」を起動する．
　マウスで左ボタンをダブルクリックするか，ファイルの上にマウスポインターをもっていき，右クリックし，"開く"を左ボタンで1回クリックする．
操作手順－2　「superMA分析.xls」を起動し，"元データ表"シートを選択する．

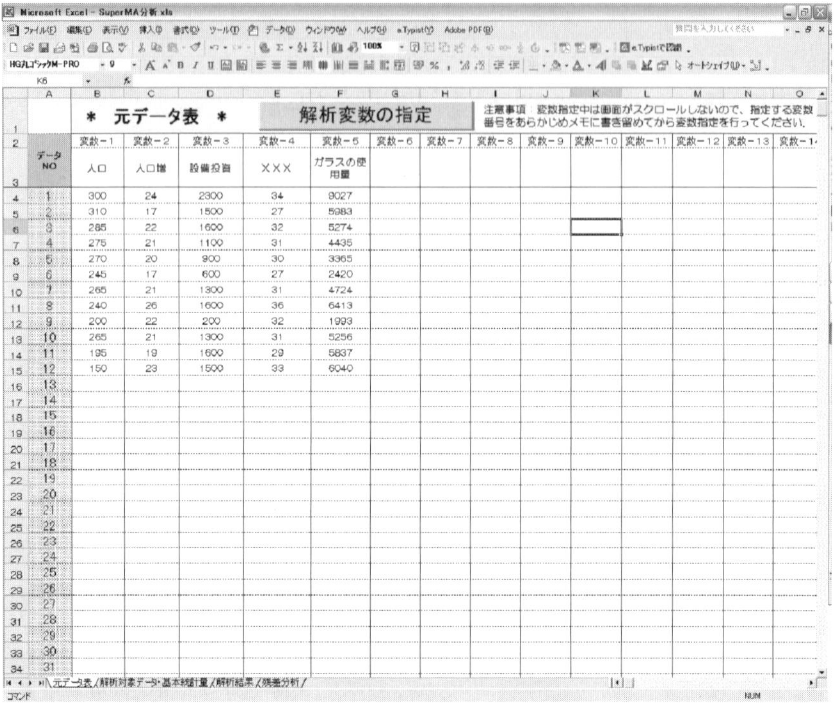

データNO	変数－1 人口	変数－2 人口増	変数－3 設備投資	変数－4 XXX	変数－5 ガラスの使用量
1	300	24	2300	34	9027
2	310	17	1500	27	5983
3	285	22	1600	32	5274
4	275	21	1100	31	4435
5	270	20	900	30	3365
6	245	17	600	27	2420
7	265	21	1300	31	4724
8	240	26	1600	36	6413
9	200	22	200	32	1993
10	265	21	1300	31	5256
11	195	19	1600	29	5837
12	150	23	1500	33	6040

図２－１　元データ表

（図２－1）

注）　元データ表の画面に自動的にならないときは，プログラムが自動的に作動しないように設定されている．このときは，ツール(T)⇒マクロ(M)⇒セキュリティー(S)⇒セキュリティーレベル(S)⇒低(L)を選択し，上書き保存する．それからもう一度「superMA 分析.xls」を起動し直すと正しく元データ表の画面に自動的になる．

操作手順－３　“元データ表”に解析対象データを記入する．

①　直接シートのセルにデータを入力する方法．

②　別のファイルにあるエクセルのデータをコピーする方法．

③　別のファイルにあるテキスト形式のデータをコピーする方法．この場合

2.2 ソフトの使用方法

は一度エクセルにデータを読み込んでから②の操作を行う．

操作手順-4 必要に応じてデータの変換を行う．
　　　　　　　（この手順は飛ばしてもよい）

考えられる回帰式に応じてデータを変換する．この場合は，入力したセルの右側の空いたセルに変換後のデータを書き入れる．

操作手順-5 「解析変数の指定」をクリックする．

次のダイアログボックスが表示される．これは，1番目の変数番号（取り上げる変数に対応する上の変数番号のことで，数字だけを入力する．例えば，変数-3であれば，3と入力する）を入力して「OK」ボタンをクリックするか，「Enter」キーを押す(**変数の指定**)．

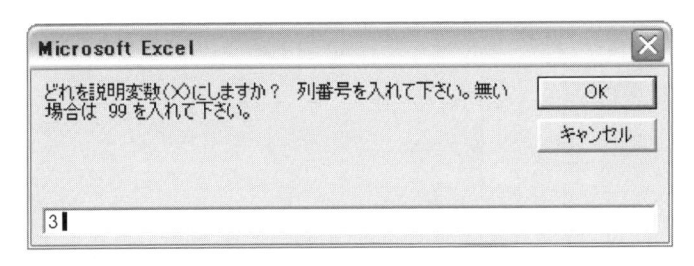

```
┌─ Microsoft Excel ──────────────────────────┐
│                                            │
│  どれを説明変数(X)にしますか？ 列番号を入れて下さい。無い │  OK   │
│  場合は 99 を入れて下さい。                 │       │
│                                            │ キャンセル │
│                                            │       │
│  ┌──────┐                                  │
│  │3│                                        │
│  └──────┘                                  │
└────────────────────────────────────────────┘
```

操作手順-6 解析に必要な変数の数だけ，操作手順-5を繰り返す．

操作手順-7 指定する変数がなくなれば，変数指定のダイアログボックスに"99"を入力して「OK」ボタンをクリックするか，「Enter」キーを押す(**変数の指定の終了**)．

```
┌─ Microsoft Excel ──────────────────────────┐
│                                            │
│  どれを説明変数(X)にしますか？ 列番号を入れて下さい。無い │  OK   │
│  場合は 99 を入れて下さい。                 │       │
│                                            │ キャンセル │
│                                            │       │
│  ┌──────┐                                  │
│  │99│                                       │
│  └──────┘                                  │
└────────────────────────────────────────────┘
```

操作手順-8 最後に解析する特性値が入力されている変数番号を入力して「OK」ボタンをクリックするか，「Enter」キーを押す．

第2章 superMA分析の操作手順

入力を終了すると，選択した変数が読み取られ，"解析対象データ・基本統計量"シートに書き込まれる(図2-2)．

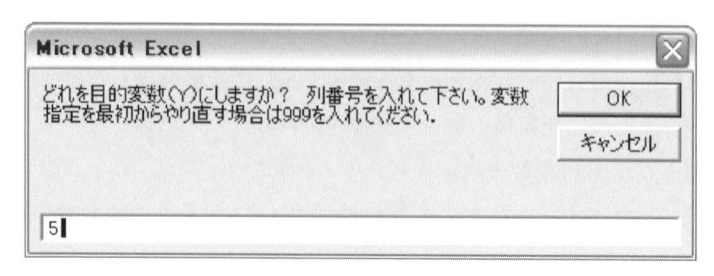

図2-2 解析対象データ

操作手順-9 "解析対象データ・基本統計量"シートの「superMA分析計算開始」ボタンをクリックする．

解析が開始される．データに異常がなければ，"計算が終了しました．結果を確認してください．"と表示され，解析終了である．データに異常があれば，

途中で止まる．この場合は，データの見直しを行う（変数を減らしたり，内容をチェックする）．

操作手順−10 "解析結果"シートを選択し，結果を確認する．

> Microsoft Excel
> 計算が終了しました．結果を確認してください
> OK

操作手順−11 平均値の点推定

操作手順−7で変数−1，変数−2，変数−3をすべて指定した場合は，"残差分析"シートをクリックすると，表2-1が画面に表示される．この表の左端の番号は，"元データ表"のデータ番号に対応している．左側から順番に，実験での特性値の実測値，そのデータ番号に対応した変数の値における解析結果の

表2-1 残差分析シートの表

データNo.	Y_i 実測値	$\hat{Y}_i$ 推定値	ε_i 残差	$\varepsilon_i / \sigma_\varepsilon$ 規準化残差
1	9027.00	8547.83	479.17	1.03
2	5983.00	5435.03	547.97	1.18
3	5274.00	6112.83	−838.83	−1.81
4	4435.00	4400.63	34.37	0.07
5	3365.00	3677.83	−312.83	−0.67
6	2420.00	2512.54	−92.54	−0.20
7	4724.00	5072.42	−348.42	−0.75
8	6413.00	6412.87	0.13	0.00
9	1993.00	1552.01	440.99	0.95
10	5256.00	5072.42	183.58	0.40
11	5837.00	6000.93	−163.93	−0.35
12	6040.00	5969.64	70.36	0.15

係数を用いた推定値，それらの差（残差＝実測値－推定値），規準化残差（残差を誤差の標準偏差で割ったもの）になっている．

操作手順－12 結果を残したい場合は，「名前を付けて保存」する．

続けて別の解析をするときも，「名前を付けて保存」を選択する．

2.3 解析結果の見方

① 全体の評価－1（回帰統計）（表2-2）

今回の解析に用いた変数で特性値の動きをどれぐらい表現できているかを示す指標である寄与率 R^2 で見る．この例では寄与率 R^2 が95.65％で特性値の動きの約9割分を説明できることを示す．この数値は当然100％が一番よく，0％はまったく説明できない．すなわち，関係がないということがいえる．その下の**"誤差の標準偏差"** ＝464.020は解析に用いた変数の効果を取り除いたときに，特性値が 1σ（シグマ，標準偏差）＝464.020のばらつきをもっていることを示している．

次の，**観測数**は解析に用いたデータ数である．

表2-2 回帰統計

重相関係数 R	0.9781
寄与率 R^2	0.9567
標準偏差	464.020
観測数	12

② 全体の評価－2（分散分析表）（表2-3）

誤差の大きさから見て，今回の変数の値が変化することにより変化する特性値に意味があるか否かを表2-3の分散分析表で見る（"解析結果"シートの右上に表示されている表）．これは変数の影響による特性値の変動量が，できない

表2-3　分散分析表

	平方和	自由度	分散	観測分散比	有意F
回　帰	38097905	3	12699302	58.980	4.066
残　差	1722514	8	215314		$\alpha = 0.05$
合　計	39820419	11			

分(誤差)に比べて違うと考えられるか否かをチェック(検定)するものである．このとき変数効果と誤差の分散の比はF分布に従うことを利用する．この表の例では危険率5％のF値が4.066であるが，分散の比は58.980である．これは，"危険率が5％以下である"ことを示している．分散比が大きくなればなるほど，今回の解析結果が特異な事象であることを示す．つまり，誤差の動きとは違う動きをしていると判断できることを示している．

③　特性値に対する変数の効果

実験全体としての評価を行い，変数との関連が認められれば，次にどの変数が特性値との関係をよく表しているかを確認する．この調査の結果として，"各変数が特性値にどの程度の影響を与えるか"を示すのが，偏回帰係数である(表2-4)．

表2-4　偏回帰係数

変数1	人口(万人)	−0.914

この例では，その市に住んでいる人口が1万人多いところは，ガラスの使用料が"0.914トン/年"少ないことがわかる．

それらの列の間にある t 値は水準ごとの効果(第 i 水準基準係数)が0と考えられるのか，0ではないと考えるのかを判定するものである．統計学的には t 検定の t 値といわれ，この値の絶対値が大きい方が特性値との関連性が強いことを表している．この値も誤差の自由度と危険率αで決まる係数である．例え

ば，誤差の自由度は8で，危険率を5％とすると，統計数値表より，t（自由度＝8：$\alpha = 0.05$）＝2.306で．この変数のt値がこの値より大きければ"特性値との関連性が強い"と判断する．偏回帰係数が負（マイナス）のときは，このt値も負になる．比較は絶対値で見ることが重要である．

$\alpha = 0.05$ というのは，100回このような分析を行い，検定基準であるt（自由度＝12：$\alpha = 0.05$）＝2.179で，観測されたtが2.179以上の値になったとき，対比が0ではないと判断したとすると，最大5回は実際のところ0であるものが含まれている可能性があることを示している．

表2-5の例では，検定で有意なのは，変数3の"設備投資"だけで，"人口""人口増"は関係ないことがわかる．特性値に効いているのは，変数3の"設備投資"だけのため，変数3だけを指定して，再計算が必要であることに注意する．

表2-5 求められた偏回帰係数およびt値

	変数名	偏回帰係数	t値
切片	定数	−351.761	−0.226
変数1	人口	−0.914	−0.281
変数2	人口増	64.725	1.076
変数3	設備投資	3.313	11.051

④ 結果の見方のポイント

（重相関係数，分散分析表，係数表，有効繰返し数）

（ⅰ）実験全体の評価

今回取り上げた変数で，特性値の動きを説明できるか否かをチェックする．変数の水準（値）を変えたことによる特性値の動きを**変数の効果**（回帰による効果という）とし，これで説明できない特性値の動きを**残差**(**誤差**)と呼ぶ．回帰による効果と誤差を加えたものが特性値の全体の動きになる．

2.3 解析結果の見方

$$\text{決定係数(寄与率)} R^2 = \frac{\text{回帰による効果(平方和)}}{\text{全体の変動量(平方和)}} = \frac{S_R}{S_T}$$

$$= \frac{\text{回帰による平方和}}{\text{全平方和}}$$

寄与率の平方根をとると,

$$\text{重相関係数} R = \sqrt{(\text{寄与率})} \quad (\text{ここで, } 0 \leq R \leq 1 \text{である.})$$

となる.この式で示すように,変数の効果で動く特性値の量(偏差平方和)が,変動量全体のどれぐらいの比率かを表している.このため,これを**寄与率**もしくは,**決定係数**という.

次にこの変数効果が意味のあるものか否かを検定する.これには,分散分析表を用いる.表2-6がその分散分析である.

この分散分析表は,特性値の動きを平方和という形で変数の効果によるものと,そうでない誤差によるものに分解する.これが,分散分析表の平方和である.これを,各々の自由度で割る.これを分散,もしくは平均平方という.回帰による効果の自由度は次の式で求める.

$$\text{回帰の自由度} \phi_R = \sum_{\text{全因子}} (\text{変数の数})$$

合計の自由度 = 全サンプル数 − 1

誤差の自由度 = 合計の自由度 − 回帰の自由度

このようにして求めた分散の比をとる.

表2-6 全体分散分析表("解析結果"シート)

	平方和	自由度	分散	分散比	有意F
回 帰	5000	10	500.0	10.0	4.568
残 差	250	5	50.0		
合 計	5250	15			

第2章　superMA分析の操作手順

$$\text{求められた分散比} \quad F = \frac{\text{回帰の分散}}{\text{誤差分散}} = \frac{V_R}{V_E}$$

　この分散比 F は，F 分布に従うことが知られており，この F 分布の性質を利用して全体の評価を行う．それは，この求められた分散比 F が，どれぐらいの確率（α）でしか起こらないことかを見ることで評価する．この確率が α 以下であれば，従来と違うことが起きていると考える．このような考え方を検定という．確率 α のところの F 値（これを"有意 F 値"と呼ぶ）が求められた分散比 F より小さければ，意味がある（特性値に与える影響が 0 ではない）ことを示し，大きい場合はこの変数の水準が変わっても特性値に影響しない（特性値に与える影響が 0 である）ことを示す．すなわち，"誤差である"と考えるのである．

（ⅱ）　変数ごとの評価

　変数全体としての評価は行ったが，各々の変数では，どの変数が特性値に大きく影響しているのか，どの変数の影響量は小さいのかを定量的に知りたい．これは，変数ごとの偏回帰係数と t 値を見て判断する．

（ⅲ）　各変数の水準ごとの特性値に対する影響量の評価

　特性値に影響する変数が判明すれば，最後に知りたいのはそれぞれの変数をどの水準に固定することが望ましいかということである．場合によっては，値を固定できない場合も発生する．この場合は，固定できない変数の値によって特性値に与える影響量を算出し，他の固定できる変数で影響量に相当する分を調整する．このような方法で，特性値を望ましい値にコントロールするのである．

【事例】　切削機におけるバルブの開度と切削量の関係

　部品 T を切削するために，微調整バルブを回して切削量を調整している．従来は，試行錯誤で決めていたが，新入生もこの作業を行うことになった．このため，微調整バルブの開度と切削量の関係を定量的に調べた．その結果の一部が表 2-7 である．データは，15 個採取した．

　これらのデータから，バルブの開度と切削量の関係を求める．

表 2-7 バルブの開度と切削量のデータ

サンプル番号	バルブ開度(度)	切削(μm)	サンプル番号	バルブ開度(度)	切削(μm)	サンプル番号	バルブ開度(度)	切削(μm)
1	10	1.1	6	30	2.7	11	35	2.7
2	27	2.2	7	11	1.4	12	25	2.3
3	38	3.0	8	18	2.0	13	32	3.0
4	13	1.6	9	45	3.6	14	42	3.7
5	21	1.9	10	40	3.5	15	12	1.3

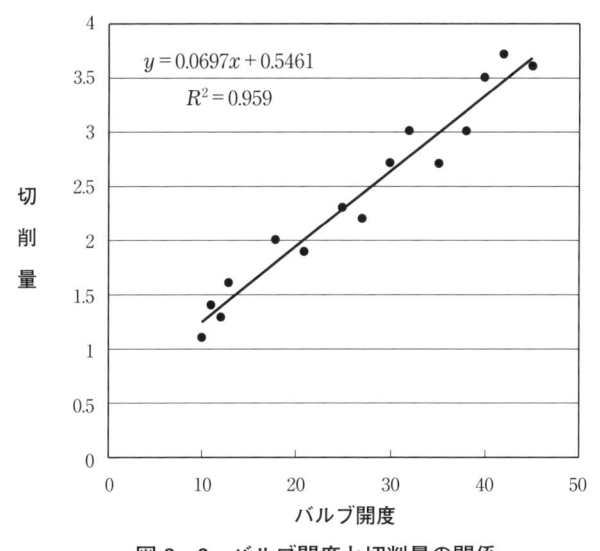

図 2-3 バルブ開度と切削量の関係

データを散布図に描いて,回帰式と寄与率を求めた(図 2-3).

$$y = 0.0697x + 0.5461$$

の回帰式が求められた.この回帰式から,微調整バルブを10度回すと,0.697(μm),すなわち,約0.7(μm)多く切削できることがわかった.また,寄与

第 2 章　superMA 分析の操作手順

表 2-8　分散分析表

	自由度	変動	分散	観測分散比
回　帰	1	9.8203	9.8203	304.213
残　差	13	0.4197	0.0323	
合　計	14	10.2400		

率は 0.959 で，相関係数は 0.979 である．

　次に，分解した平方和から分散分析表を作成した (表 2-8)．この表から，回帰による分散が残差の分散の 304 倍あり，回帰式を採用することに問題はないことがわかる．

　この表の残差の分散が 0.0323 であるので，残差の標準偏差は，0.1797 ≒ 0.18 (μm) であることがわかる．この値が，今回の回帰式の精度になる．

第3章　納入会社別に部品の評価をしたい
（層別単回帰分析）

3.1　適用場面の例

　ある化学製品の製造過程において，特性値Yと製造時に添加する薬品の量が比例することが知られている．しかし，納入会社A，B，C社によって特性値Yに対する薬品の効き具合が異なるように思われたため，この3社の薬品について特性値Yの値を調査したところ，図3-1のような関係であることが判明した．この図から，薬品の増減量の特性値Yに与える影響量は同じであることがわかる（傾きが同じであるため）．

　しかし，同じ薬品量を添加しても特性値Yに与える影響量は違うようである．納入会社A，B，Cでどれぐらい違うのか定量的に知りたい．納入会社A，B，Cについて一つひとつ回帰式を求めると傾きが異なり，比較する薬品量によって特性値Yの差が異なってしまう．同じ傾きにして解析するにはどのようにするとよいか．このようなときには，層別単回帰分析を行えばよい．以下に，その方法について説明する．

　この図の結果を示すと，

　　A社の薬品を使用した場合：$y = 1.113x + 6.295$，$R^2 = 0.9456$
　　B社の薬品を使用した場合：$y = 1.2032x + 22.552$，$R^2 = 0.9606$
　　C社の薬品を使用した場合：$y = 1.2030x - 27.448$，$R^2 = 0.9606$

となり，直線の傾きである変数x（薬品量）の係数が少し違っている．

　本書の例は非常によい例であるため，表3-1，表3-2のように変数x（薬品量）のある値での3社の比較をしても大きな差が出ておらず，非常によい例であるが，一般的にはもっと大きな差が発生することが多い．

第3章　納入会社別に部品の評価をしたい（層別単回帰分析）

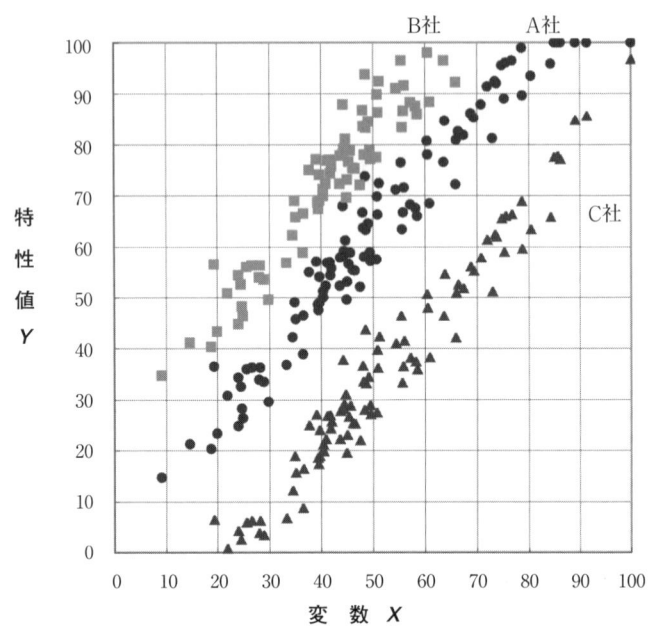

図3-1　納入会社ごとの変数Xと特性値Yの散布図

表3-1　回帰統計

	A社	B社	C社
重相関係数 R	0.9724	0.9801	0.9801
寄与率 R^2	0.9456	0.9606	0.9606
標準偏差	5.191	4.737	4.737
観測数	100	100	100

表3-2　偏回帰係数

	会社名	A社		B社		C社	
	変数名	偏回帰係数	t値	偏回帰係数	t値	偏回帰係数	t値
切片	定数	6.295	4.330	22.552	17.000	−27.448	−20.690
変数1	X	1.113	41.284	1.203	48.903	1.203	48.903

次に，傾きを共通にした解析方法である"**層別単回帰分析**"の方法を説明する．

解析にあたっては，データを次のように考える．この式が層別単回帰分析の回帰モデルになる．

$$Y = a \times (A社有無) + b \times (B社有無) + c \times (C社有無)$$
$$+ \theta_1 \times (変数x) + \theta_0 + (残差)$$

この式で，

　　a：A社の薬品を用いたときの特性値Yが平均的に変化する量
　　b：B社の薬品を用いたときの特性値Yが平均的に変化する量
　　c：C社の薬品を用いたときの特性値Yが平均的に変化する量
　　（A社有無）：A社の薬品を使用したときは1，しないときは0を指定する
　　（B社有無）：B社の薬品を使用したときは1，しないときは0を指定する
　　（C社有無）：C社の薬品を使用したときは1，しないときは0を指定する
　　θ_1：薬品の量を1増加したときの特性値Yの変化量
　　θ_0：薬品量が0のときの特性値Yの値
　　変数x：薬品の量
　　残差（誤差）：同じ条件で繰り返したときのばらつきの値（正規分布に従う）
　　Y：特性値の値

と定義する．

この定義に従って，データを表3-3のように表す．

このように，使用した薬品会社の欄に1を代入し，それ以外の欄には0を入れる．この会社の欄には同時に2社の薬品を用いないので，どれか1つの欄に1が入るだけであることに注意する．

この例は，薬品を混ぜて使わない前提で実施した事例である．薬品添加量と特性値Yは通常の量的変数であるので，値をそのまま記入する．今回はA，B，C社すべて100個ずつデータをとったため，合計サンプル数は300個である．

第3章　納入会社別に部品の評価をしたい（層別単回帰分析）

表3-3　解析時のデータ表

データNo.	変数-1 A社薬品	変数-2 B社薬品	変数-3 C社薬品	変数-4 薬品量	変数-5 特性値
1	1	0	0	60.9	68.4
2	1	0	0	37.7	55.0
3	1	0	0	69.3	86.1
⋮	⋮	⋮	⋮	⋮	⋮
n−1	0	0	1	20.0	−6.6
n	0	0	1	80.5	63.4

3.2　superMA分析による解析の方法

手順-1　データ表を作成する．

　superMA分析の"元データ表"シートにデータを入力する（表3-3）．別のエクセルシートから貼り付けてもよい．

手順-2　「解析変数の指定」ボタンをクリックする．

　動かないときは，マクロを有効にする（「ツール」⇒「マクロ」⇒「セキュリティー」⇒「低」）．

手順-3　変数番号を「2」⇒「3」⇒「4」⇒「99」と入力する．

　説明変数を指定する（変数X）．

　注）　このとき，「1」，「2」，「3」のうち，どれか1つを変数指定から外す．3つとも指定すると，エラーになる（**解析のポイント**）．

　理由）　変数「2」と「3」の値が決まれば，「1」の値は自動的に決まってしまうため．

手順-4　変数番号を「5」と入力する．

　説明変数の指定：特性値（表3-3）

3.2 superMA 分析による解析の方法

表 3-4 解析対象データ

5	目的変数	変数－1	変数－2	変数－3
データNo.	特性値	B社薬品	C社薬品	薬品量
1	68.4	0	0	60.9
2	55.0	0	0	37.7
3	85.3	0	0	69.3
4	86.1	0	0	68.8
5	51.2	0	0	40.4
6	54.0	0	0	39.8
7	92.1	0	0	73.7
8	50.2	0	0	40.4
9	64.5	0	0	49.1
10	80.7	0	0	60.4
⋮	⋮	⋮	⋮	⋮

手順－5 "解析対象データ・基本統計量"シートに自動で移動する．

何もアラーム(警告)が出なければ，「superMA分析計算開始」ボタンをクリックする(表3-4)．

手順－6 「計算結果確認」の画面が表示されるので，「OK」をクリックする．

手順－7 結果の確認と評価を行う．

全体的な評価として，回帰統計を見る(表3-5)．重相関係数 = 0.9873，寄与率 = 0.9747 で，有意水準1％で有意であることがわかる(重相関係数 = 0.9873 > $R(0.01 ; 298)$ = 0.1485 で有意)．

すなわち，A社薬品・B社薬品・C社薬品・薬品量の4変数からなる式で特性値を説明できるということを示している．その程度は，寄与率 = 0.9747 より，データの動きの97.47％を説明できることがわかる．説明できない特性値の動きは残りの2.53％(= 100％－97.47％)で，ばらつきの大きさとしての標準偏差は4.946である．

第3章　納入会社別に部品の評価をしたい（層別単回帰分析）

表3-5　回帰統計

重相関係数 R	0.9873
寄与率 R^2	0.9747
標準偏差	4.946
観測数	300

3.3　結果の見方

解析で得られた式は，表3-6，表3-7をもとに，

　　（特性値）= 3.268 + 20.798（B社薬品）− 29.202（C社薬品）
　　　　　　+ 1.173（薬品量）

である．使用した薬品がA社のものであれば，（B社薬品）= 0，（C社薬品）=

表3-6　分散分析表

	平方和	自由度	分散	観測分散比	有意 F
回　帰	279238.249	3	93079.416	3805.374	2.635
残　差	7240.157	296	24.460		
合　計	286478.406	299			

表3-7　解析結果

	変数名	偏回帰係数	t 値
切片	定数	3.268	3.648
変数 2	B社薬品	20.798	29.736
変数 3	C社薬品	−29.202	−41.751
変数 4	薬品量	1.173	79.105

3.3 結果の見方

0 と変数を指定する．同様に，薬品が B 社のものであれば，（B 社薬品）= 1，（C 社薬品）= 0，薬品が C 社のものであれば，（B 社薬品）= 0，（C 社薬品）= 1 とする．

仮に，B 社の薬品を 50 使用した場合の特性値は，

$$
\begin{aligned}
（特性値）&= 3.268 + 20.798（B 社薬品）- 29.202（C 社薬品）\\
&\quad + 1.173（薬品量）\\
&= 3.268 + 20.798 \times 1 - 29.202 \times 0 + 1.173 \times 50 \\
&= 3.268 + 20.798 - 0 + 58.650 \\
&= 82.716
\end{aligned}
$$

として求められる．

また，A，B，C 社の違いは，今回は A 社を指定しなかったので，A 社薬品の係数 = 0，B 社薬品の係数 = 20.798，C 社薬品の係数 = $-$29.202 である．すなわち，A 社薬品を基準にして，B 社の薬品を使用した場合，特性値は 20.798 高くなり，C 社の薬品を使用した場合，特性値は 29.202 低くなることを示している．今回は A 社を解析時に指定しなかったが，B 社を解析時に指定しなかった場合には，A 社と C 社の係数が求まり，B 社薬品の係数 = 0 になる．したがって，解析時に，どの変数を基準にしたか（解析対象変数から外したか）を明確にしておくことが必要である．

表の t 値は，今回の解析データ数が 300 であるので，t（0.05, 296）= 1.968 となる．この自由度は，

$$296 = 300 - 3（解析に使用した変数の数）- 1$$

より，求める（分散分析表の残差の自由度）．

以上の結果から，各回帰線をグラフに表示したのが図 3-2 である．

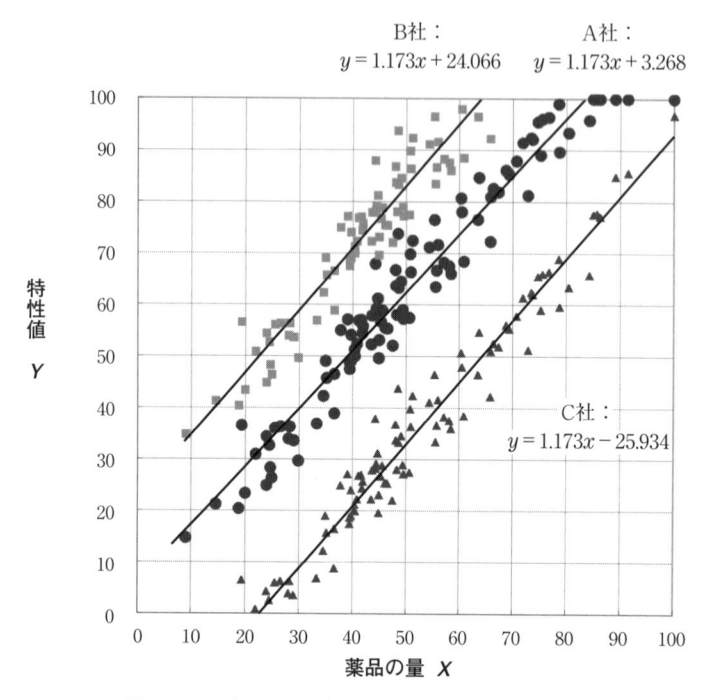

第3章 納入会社別に部品の評価をしたい(層別単回帰分析)

B社：
$y = 1.173x + 24.066$

A社：
$y = 1.173x + 3.268$

C社：
$y = 1.173x - 25.934$

図3-2 納入会社ごとの変数Xと特性値Yの回帰式

3.4 明らかに傾きが異なる場合の解析方法

それでは，A，B，C社の薬品を用いたときに，図3-3のように明らかに傾きが異なると思われる場合はどのように解析すればよいか．このようなときは，A社の薬品を用いたときの回帰直線を求め，同様にB社，C社と求めるとよい．ただし，この場合は，添加する薬品の量によって会社別の差は異なる．したがって，会社別の差について言及するときは，"添加する薬品の量がＸＸであるとき"という，ただし書きが必要である．

この散布図は，●：A社の薬品を用いたときのデータ
　　　　　　　■：B社の薬品を用いたときのデータ

3.4 明らかに傾きが異なる場合の解析方法

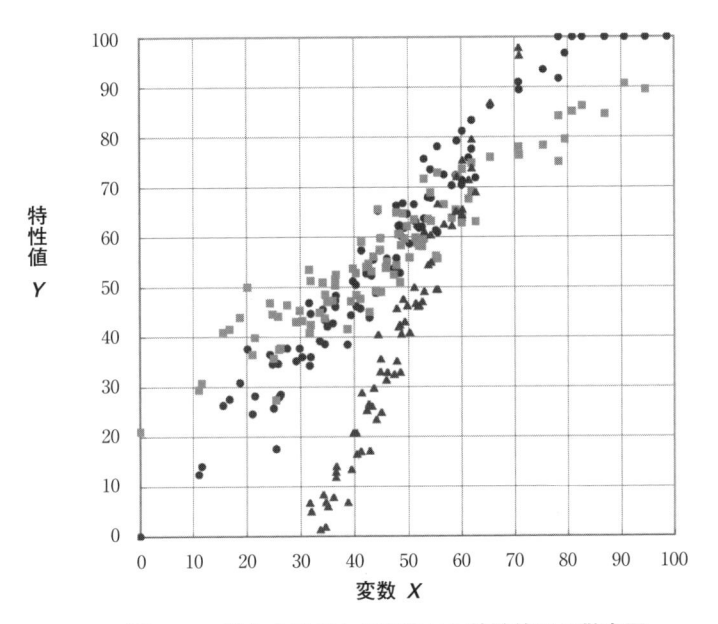

図3-3 納入会社ごとの変数Xと特性値Yの散布図

▲：C社の薬品を用いたときのデータ

である（データ数は各100個ずつ）．

個々に結果を書くと長くなるので，まとめると表3-8のようになる．

寄与率R^2は，C社が0.9894で一番よく，A社，B社の順である．しかしながら，一番悪いB社でも0.8960と，約9割の寄与率を示している．

表3-9のように，薬品量に一番強く特性値が動くのはC社の薬品で，薬品量を1変えると特性値が2.4431変化する．

そして，B社の薬品が一番特性値の変化が少ない（薬品量を1変えると特性値が0.7431変化し，C社の約3分の1しか変化しない）．

また，図3-4より，薬品量が60前後で，特性値が各社で入れ替わっていることがわかる．

49

第3章 納入会社別に部品の評価をしたい(層別単回帰分析)

表3-8 回帰統計

	A社	B社	C社
重相関係数 R	0.9705	0.9466	0.9947
寄与率 R^2	0.9418	0.8960	0.9894
標準偏差	5.405	4.802	4.802
観測数	100	100	100

表3-9 偏回帰係数

	会社名	A社		B社		C社	
	変数名	偏回帰係数	t値	偏回帰係数	t値	偏回帰係数	t値
切片	定数	3.730	2.591	22.454	17.557	−78.046	−61.024
変数1	薬品量	1.1466	39.826	0.7431	29.052	2.4431	95.517

各社の回帰式を改めて書くと次のとおりである.

　A社の回帰式：$y = 1.1466x + 3.730$

　B社の回帰式：$y = 0.7431x + 22.454$

　C社の回帰式：$y = 2.4431x - 78.046$

この例のように，別々に回帰式を求めた方がよいのか，同じ傾きの回帰式を求めた方がよいのかについては，実務に即して適正に取り扱うことが必要である.

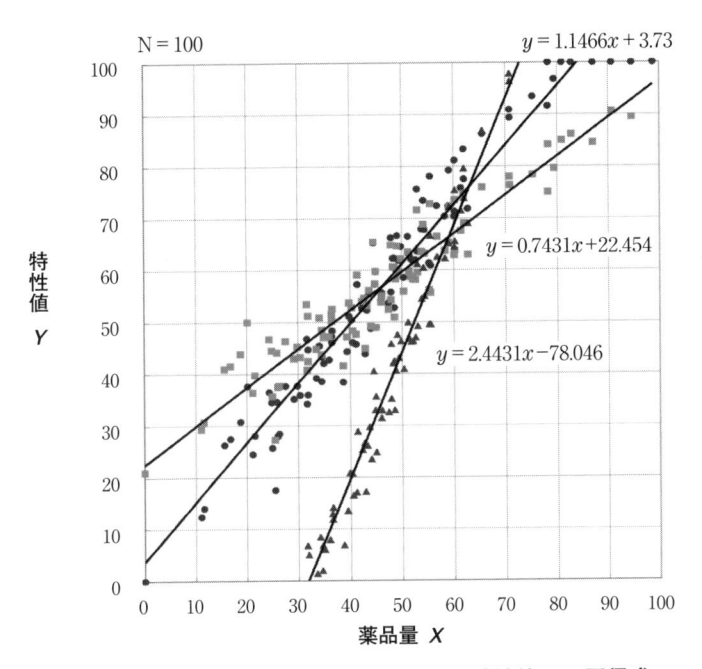

3.4 明らかに傾きが異なる場合の解析方法

図3-4 納入会社ごとの変数 X と特性値 Y の回帰式

（グラフ中の式: $y = 1.1466x + 3.73$、$y = 0.7431x + 22.454$、$y = 2.4431x - 78.046$、N = 100）

＜散布図に回帰線を表示させる方法＞

グラフを選択する（クリックする）→ツールバーにグラフ（C）が表示されるのでクリックする→近似曲線の追加（R）→近似曲線の追加（R）のサブウィンドウが表示される→線形近似（L）→"OK"ボタンを押す，もしくはEnterキーを押す→グラフに線が表示される．

第3章　納入会社別に部品の評価をしたい（層別単回帰分析）

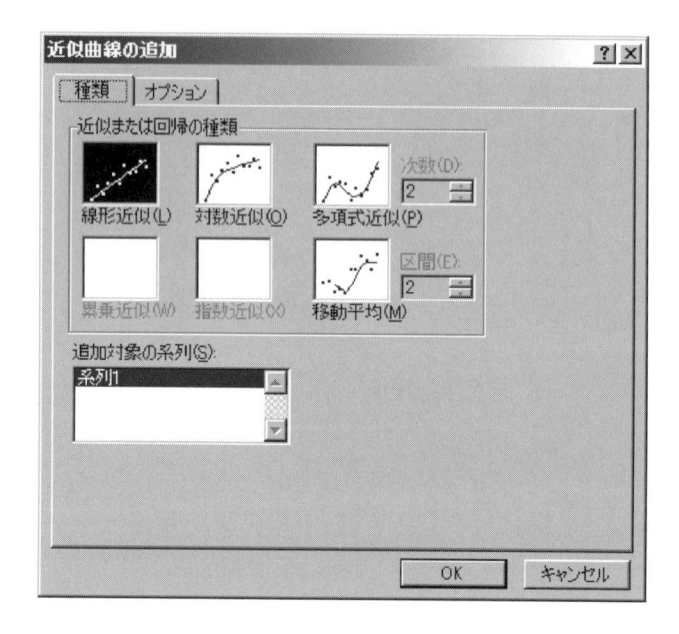

＜1つのグラフ上に層別した散布図を表示させる方法＞

グラフを選択する（クリックする）→右クリックする→元のデータ（S）を選択する→系列タグを選択する→追加（A）を選択する→Xの値（X）の右端のボタン（※①）を押す→元データが入っているセルをドラッグする→右端のボタン（※①'）を押す→Yの値（Y）の右端のボタン（※②）を押す→元データが入っているセルをドラッグする→右端のボタン（※②'）を押す→グラフに線が追加される．

さらに線を追加したい場合は上記操作を繰り返す．

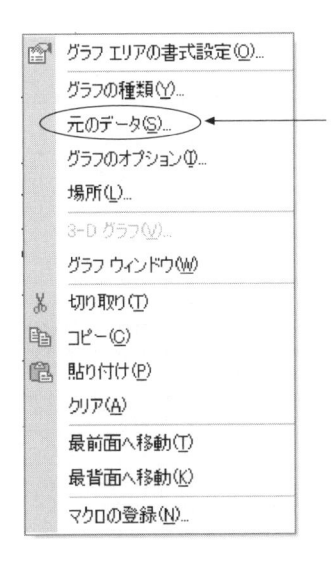

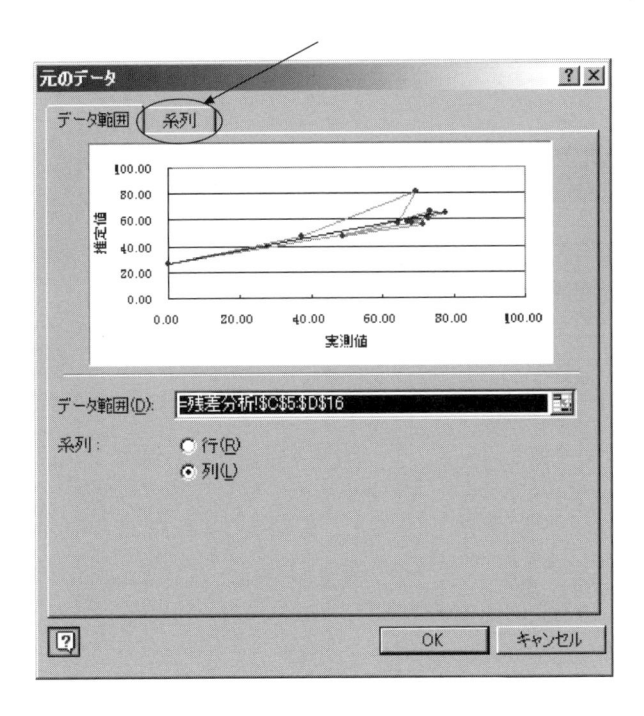

3.4 明らかに傾きが異なる場合の解析方法

第3章　納入会社別に部品の評価をしたい（層別単回帰分析）

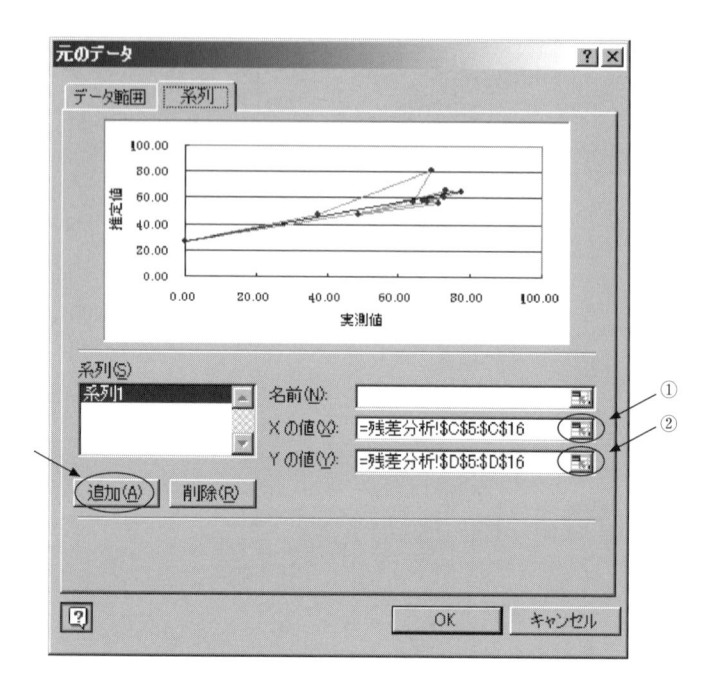

第4章 複数の原因で起こっているのでは（重回帰分析）

4.1 重回帰分析とは

　前章までは，変数が1つの回帰式（単回帰分析）について説明してきた．しかし，第1章でも述べたように，複数の原因にもとづく現象の解析も必要である．その最もポピュラーなものが重回帰分析である．superMA分析は，この重回帰分析を実務に応用するためのツールである．

　本章では，superMA分析の最も基本となる重回帰分析の考え方と計算方法について説明する．クレームや不良品の発生のように，われわれの身の周りには結果はわかっているが，その結果が何によって決まっているかを知りたいことがよくある．以下にその例をあげる．

【事例1】 商品Aの売上量に及ぼす要因探索（表4-1）
　商品Aの売上量がどのような要因によって決まっているか判明すれば，次の新しい店舗を出すときの参考にしたり，現在ある店舗の売上量を伸ばすためには何を行えばよいかを知る手立てになる．

【事例2】 商品Bの生産量に及ぼす要因探索（表4-2）
　商品Bの生産量がどのような要因によって決まっているか，判明すれば，次の新しい工場を設計するときの参考にしたり，現在ある工場の生産量を伸ばすためには何をすればよいかといった，対策の立案に役立てることができる．

【事例3】 商品Cの不適合率に及ぼす要因探索（表4-3）
　商品Cの不適合率の発生構造が不明で，どのような製造条件によって決まっ

第4章　複数の原因で起こっているのでは（重回帰分析）

表4-1　商品Aの売上量と各種要因のデータ表

番号	売上高	人口	年齢層	広告費	担当者数	…	商品数
1	540	5.2	29.4	12.2	5	…	125
2	120	2.7	33.6	7.8	3	…	200
3	342	9.1	41.0	8.0	7	…	310
⋮	⋮	⋮	⋮	⋮	⋮	⋮	⋮
N	783	12.4	35.1	15.0	5	…	356

表4-2　商品Bの生産量と各種要因のデータ表

番号	生産量	処理温度	材料	添加剤	加工回数	…	熱処理
1	210	210	18.5	2.1	6	…	650
2	295	180	26.1	0.6	4	…	550
3	318	300	21.0	1.4	5	…	660
⋮	⋮	⋮	⋮	⋮	⋮	⋮	⋮
N	512	270	41.2	1.7	7	…	580

ているのか原因が判明すれば，不適合率を低減するための対策の立案に役立てることができる．

表4-3　商品Cの不適合率と各種製造条件のデータ表

番号	不適合率	処理回数	材料量	助剤量	加工圧力	…	加工温度
1	2.1	5	56	1.2	1.3	…	150
2	1.3	4	34	0.6	1.1	…	145
3	0.9	4	29	2.8	1.4	…	170
⋮	⋮	⋮	⋮	⋮	⋮	⋮	⋮
N	12.0	6	47	2.2	1.3	…	155

4.2　単回帰と重回帰分析の理論と計算方法

(1)　多項式関数の説明(回帰モデルについて)

前記の3つの例を図に表すと，図4-1のようになる．一般的に，この図の下部に示す式のように，係数 β の線形式において解析を行う．解析にあたり，採用した式を**回帰モデル**という．

この回帰モデルである重回帰式の特徴は，

① 特性値Yがあること，

② 特性値Yが計量値(連続量)であること，

である．【事例3】は計量値(連続量)ではないが，特別の変換を行い，計量値とみなして解析しようという方法である．この方法を，ロジスティック回帰分析という(第7章で説明する)．

重回帰分析は，次に示す式のように特性値Yの動きを要因の足し算の形式で説明するもの(線形モデル)で，関連の強さ(適合度)を重相関係数で表す．ここの e は誤差もしくは残差と呼ぶ(式で説明できない分)．

$$y = \eta + e = \beta_0 + \beta_1 x_1 + \cdots + \beta_p x_p + e$$

行列を用いて書き換えると，$Y = A\theta + e$ となる．この $A\theta$ は，変数 x が1つでも，2つ以上でも同じ表現になる．

第4章　複数の原因で起こっているのでは（重回帰分析）

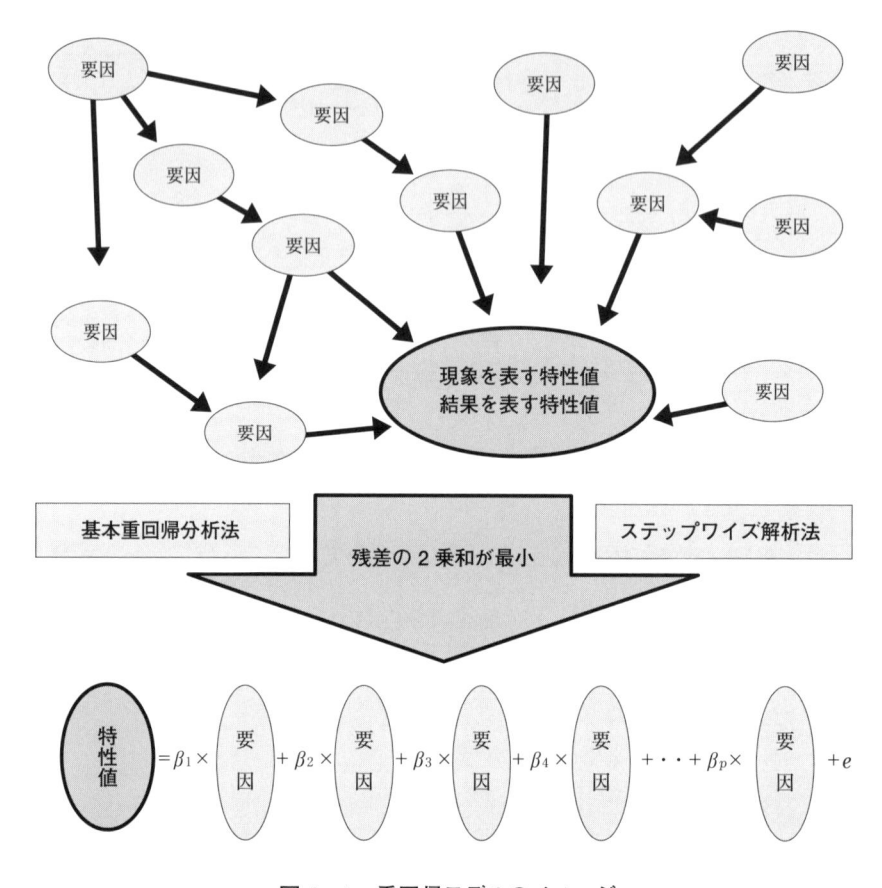

図4-1　重回帰モデルのイメージ

$$\text{特性値} = \beta_1 \times \text{要因} + \beta_2 \times \text{要因} + \beta_3 \times \text{要因} + \beta_4 \times \text{要因} + \cdots + \beta_p \times \text{要因} + e$$

変数が1つのとき**単回帰分析**といい，変数が2つ以上のときは**重回帰分析**という．変数の数が3つ以上になると，手計算ではほぼ不可能のため，解析プログラムを利用することになる．

重回帰分析の解析の手順と見方は，単回帰分析と同じであるが，一部，説明変数が複数あることによる特有の用語がある（偏回帰係数，重相関係数，等）．

ふだん聞き慣れない用語として，回帰診断というものがある．これは，重回帰分析で得られた回帰式が，技術的・理論的に何を表しているか，事実をうま

く表現できているかを検討するためのものである．得られた式がデータ領域全体をうまく説明しているか，部分的に著しく乖離していないかなどを検討するもので，残差のヒストグラム，残差の時系列的な動き，y の値と残差の関連性などの分析により，残差を用いて行う．

(2) 最小二乗法の説明

単回帰分析で説明したものと同じ考え方である．変数が複数（仮に2変数）のとき，求めたい回帰式は，

$$\hat{y} = b_0 + b_1 x_1 + b_2 x_2$$

である．残差は，実際に観測された値と推定値との差であるから，

$$S_e = \sum_{i=1}^{n} (y_i - \hat{y}_i)^2$$

と表される．単回帰で説明したように，残差平方和が最小になるのは，b_0，b_1，b_2 についての偏微分係数が 0 であればよいので，以下のようになる．

$$\frac{\partial S_e}{\partial b_0} = -2 \sum_{i=1}^{n} (y_i - b_0 - b_1 x_{i1} - b_2 x_{i2}) = 0$$

$$\frac{\partial S_e}{\partial b_1} = -2 \sum_{i=1}^{n} x_{i1} (y_i - b_0 - b_1 x_{i1} - b_2 x_{i2}) = 0$$

$$\frac{\partial S_e}{\partial b_2} = -2 \sum_{i=1}^{n} x_{i2} (y_i - b_0 - b_1 x_{i1} - b_2 x_{i2}) = 0$$

これを書き直すと，

$$
\begin{aligned}
b_0 n + b_1 \Sigma x_{i1} + b_2 \Sigma x_{i2} &= \Sigma y_i \\
b_0 \Sigma x_{i1} + b_1 \Sigma x_{i1}^2 + b_2 \Sigma x_{i1} x_{i2} &= \Sigma x_{i1} y_i \\
b_0 \Sigma x_{i2} + b_1 \Sigma x_{i2} x_{i1} + b_2 \Sigma x_{i2}^2 &= \Sigma x_{i2} y_i
\end{aligned}
$$

という連立方程式になる．これを行列で表すと，

第4章　複数の原因で起こっているのでは(重回帰分析)

$$\begin{bmatrix} n & \Sigma x_{i1} & \Sigma x_{i2} \\ \Sigma x_{i1} & \Sigma x_{i1}^2 & x_{i1}x_{i2} \\ \Sigma x_{i2} & \Sigma x_{i2}x_{i1} & \Sigma x_{i2}^2 \end{bmatrix} \cdot \begin{bmatrix} b_0 \\ b_1 \\ b_2 \end{bmatrix} = \begin{bmatrix} \Sigma y_i \\ \Sigma y_i x_{i1} \\ \Sigma y_i x_{i2} \end{bmatrix}$$

となる．

　この式は，重回帰分析の正規方程式という重要な式である．変数が3つ以上になってもこの規則性は成り立つ．この両辺に，一番左の行列の逆行列を掛けると，係数ベクトル$[b_0 \; b_1 \; b_2]^{-1}$が求まる．

(3)　正規方程式を解く

それでは，前述の正規方程式を解いてみる．

$$\begin{bmatrix} n & \Sigma x_{i1} & \Sigma x_{i2} \\ \Sigma x_{i1} & \Sigma x_{i1}^2 & \Sigma x_{i1}x_{i2} \\ \Sigma x_{i2} & \Sigma x_{i2}x_{i1} & \Sigma x_{i2}^2 \end{bmatrix}^{-1} \begin{bmatrix} n & \Sigma x_{i1} & \Sigma x_{i2} \\ \Sigma x_{i1} & \Sigma x_{i1}^2 & \Sigma x_{i1}x_{i2} \\ \Sigma x_{i2} & \Sigma x_{i2}x_{i1} & \Sigma x_{i2}^2 \end{bmatrix} \cdot \begin{bmatrix} b_0 \\ b_1 \\ b_2 \end{bmatrix}$$

$$= \begin{bmatrix} n & \Sigma x_{i1} & \Sigma x_{i2} \\ \Sigma x_{i1} & \Sigma x_{i1}^2 & \Sigma x_{i1}x_{i2} \\ \Sigma x_{i2} & \Sigma x_{i2}x_{i1} & \Sigma x_{i2}^2 \end{bmatrix}^{-1} \begin{bmatrix} \Sigma y_i \\ \Sigma y_i x_{i1} \\ \Sigma y_i x_{i2} \end{bmatrix} \quad \cdots 式\,(1)$$

$$\begin{bmatrix} n & \Sigma x_{i1} & \Sigma x_{i2} \\ \Sigma x_{i1} & \Sigma x_{i1}^2 & x_{i1}x_{i2} \\ \Sigma x_{i2} & \Sigma x_{i2}x_{i1} & \Sigma x_{i2}^2 \end{bmatrix}^{-1} \begin{bmatrix} n & \Sigma x_{i1} & \Sigma x_{i2} \\ \Sigma x_{i1} & \Sigma x_{i1}^2 & \Sigma x_{i1}x_{i2} \\ \Sigma x_{i2} & \Sigma x_{i2}x_{i1} & \Sigma x_{i2}^2 \end{bmatrix} = 1$$

なので，

$$\begin{bmatrix} b_0 \\ b_1 \\ b_2 \end{bmatrix} = \begin{bmatrix} n & \Sigma x_{i1} & \Sigma x_{i2} \\ \Sigma x_{i1} & \Sigma x_{i1}^2 & x_{i1}x_{i2} \\ \Sigma x_{i2} & \Sigma x_{i2}x_{i1} & \Sigma x_{i2}^2 \end{bmatrix}^{-1} \begin{bmatrix} \Sigma y_i \\ \Sigma y_i x_{i1} \\ \Sigma y_i x_{i2} \end{bmatrix} \quad \cdots 式\,(2)$$

として，式の係数が求められる．ここで，

4.2 単回帰と重回帰分析の理論と計算方法

$$S = \begin{bmatrix} n & \Sigma x_{i1} & \Sigma x_{i2} \\ \Sigma x_{i1} & \Sigma x_{i1}^2 & \Sigma x_{i1}x_{i2} \\ \Sigma x_{i2} & \Sigma x_{i2}x_{i1} & \Sigma x_{i2}^2 \end{bmatrix}$$

を見てみる．生データを行列式で書くと，$Y=A\theta$ であった．これをもう少していねいに書くと，

$$\begin{bmatrix} y_1 \\ y_2 \\ y_3 \\ \cdot \\ \cdot \\ y_n \end{bmatrix} = \begin{bmatrix} 1 & x_{11} & x_{12} \\ 1 & x_{21} & x_{22} \\ 1 & x_{31} & x_{32} \\ \cdot & \cdot & \cdot \\ \cdot & \cdot & \cdot \\ 1 & x_{n1} & x_{n2} \end{bmatrix} \cdot \begin{bmatrix} b_0 \\ b_1 \\ b_2 \end{bmatrix}$$

である．この行列 A の転置行列 A^T は，

$$A^T = \begin{bmatrix} 1 & 1 & 1 & \cdot & \cdot & 1 \\ x_{11} & x_{21} & x_{31} & \cdot & \cdot & x_{n1} \\ x_{12} & x_{22} & x_{32} & \cdot & \cdot & x_{n2} \end{bmatrix}$$

A^T と A を掛けると，

$$A^T \cdot A = \begin{bmatrix} 1 & 1 & 1 & \cdot & \cdot & 1 \\ x_{11} & x_{21} & x_{31} & \cdot & \cdot & x_{n1} \\ x_{12} & x_{22} & x_{32} & \cdot & \cdot & x_{n2} \end{bmatrix} \begin{bmatrix} 1 & x_{11} & x_{12} \\ 1 & x_{21} & x_{22} \\ 1 & x_{31} & x_{32} \\ \cdot & \cdot & \cdot \\ \cdot & \cdot & \cdot \\ 1 & x_{n1} & x_{n2} \end{bmatrix} = \begin{bmatrix} n & \Sigma x_{i1} & \Sigma x_{i2} \\ \Sigma x_{i1} & \Sigma x_{i1}^2 & \Sigma x_{i1}x_{i2} \\ \Sigma x_{i2} & \Sigma x_{i2}x_{i1} & \Sigma x_{i2}^2 \end{bmatrix} = S$$

となり，前述した正規方程式の最初の行列である．この行列はデータの平方和行列である．

正規方程式を，データ行列 A を用いて書き直すと，

$A^T A b = A^T y$

第4章 複数の原因で起こっているのでは(重回帰分析)

となる.これでもとの式の両側にA^Tを掛けたものであることがわかる.

式(1)をもう一度書き直すと,

$$(A^TA)^{-1}A^TAb = (A^TA)^{-1}A^Ty \quad \cdots 式(1)'$$

となり,逆行列の定義より$(A^TA)^{-1}(A^TA) = 1$であるから,

$$b = (A^TA)^{-1}A^Ty \quad \cdots 式(2)'$$

によって,重回帰式の係数が求められる.

次に,残差の大きさについて見てみる.

$$\begin{aligned}
S_e &= \sum_{i=1}^{n}(y_i - \hat{y}_i)^2 = \sum_{i=1}^{n}(y_i - (b_0 + b_1 x_{i1} + b_2 x_{i2}))^2 \\
&= \sum_{i=1}^{n}((y_i - \bar{y}) - b_1(x_{i1} - \bar{x}_1) + b_2(x_{i2} - \bar{x}_2))^2 \\
&= S_{yy} + b_1^2 S_{x1x1} + b_2^2 S_{x2x2} - 2b_1 S_{x1y} - 2b_2 S_{x2y} + 2b_1 b_2 S_{x1x2} \\
&= S_{yy} + (b_1^2 S_{x1x1} + b_1 b_2 S_{x1x2}) + (b_1 b_2 S_{x1x2} + b_2^2 S_{x2x2}) - 2b_1 S_{x1y} - 2b_2 S_{x2y} \\
&= S_{yy} + b_1(b_1 S_{x1x1} + b_2 S_{x1x2}) + b_2(b_1 S_{x1x2} + b_2 S_{x2x2}) - 2b_1 S_{x1y} - 2b_2 S_{x2y} \\
&= S_{yy} + b_1(S_{x1y}) + b_2(S_{x2y}) - 2b_1 S_{x1y} - 2b_2 S_{x2y} \\
&= S_{yy} - b_1 S_{x1y} - b_2 S_{x2y}
\end{aligned}$$

によって残差の平方和が求まる.

4.3 解析の方法と結果の見方

(1) 身近な例による説明

それでは,表4-4のような数値例で見てみる.

4.3 解析の方法と結果の見方

表4-4 生データ表

強度(y)	元素Dの量(x_1)	添加剤の量(x_2)
6.9	8.4	8
7.0	7.8	10
7.2	8.3	10
6.7	7.8	8
6.8	7.7	10
7.7	8.6	11

$$S = A^T \cdot A = \begin{bmatrix} 1 & 1 & 1 & 1 & 1 & 1 \\ 8.4 & 7.8 & 8.3 & 7.8 & 7.7 & 8.6 \\ 8 & 10 & 10 & 8 & 10 & 11 \end{bmatrix} \begin{bmatrix} 1 & 8.4 & 8 \\ 1 & 7.8 & 10 \\ 1 & 8.3 & 10 \\ 1 & 7.8 & 8 \\ 1 & 7.7 & 10 \\ 1 & 8.6 & 11 \end{bmatrix} = \begin{bmatrix} 6 & 49 & 57 \\ 49 & 394 & 462 \\ 57 & 462 & 549 \end{bmatrix}$$

$$A^T \cdot Y = \begin{bmatrix} 1 & 1 & 1 & 1 & 1 & 1 \\ 8.4 & 7.8 & 8.3 & 7.8 & 7.7 & 8.6 \\ 8 & 10 & 10 & 8 & 10 & 11 \end{bmatrix} \begin{bmatrix} 6.9 \\ 7.0 \\ 7.2 \\ 6.7 \\ 6.8 \\ 7.7 \end{bmatrix} = \begin{bmatrix} 42.3 \\ 343.16 \\ 403.5 \end{bmatrix}$$

$$S^{-1} = \begin{bmatrix} n & \Sigma x_{i1} & \Sigma x_{i2} \\ \Sigma x_{i1} & \Sigma x_{i1}^2 & x_{i1} x_{i2} \\ \Sigma x_{i2} & \Sigma x_{i2} x_{i1} & \Sigma x_{i2}^2 \end{bmatrix}^{-1} = \begin{bmatrix} 6 & 49 & 57 \\ 49 & 394 & 462 \\ 57 & 462 & 549 \end{bmatrix}^{-1} = \begin{bmatrix} 93.39 & -10.87 & -0.542 \\ -10.87 & 1.456 & -0.097 \\ -0.542 & -0.097 & 0.140 \end{bmatrix}$$

$$\begin{bmatrix} b_0 \\ b_1 \\ b_2 \end{bmatrix} = \begin{bmatrix} 93.39 & -10.87 & -0.542 \\ -10.87 & 1.456 & -0.097 \\ -0.542 & -0.097 & 0.140 \end{bmatrix} \begin{bmatrix} 42.3 \\ 343.16 \\ 403.5 \end{bmatrix} = \begin{bmatrix} 0.393 \\ 0.612 \\ 0.179 \end{bmatrix}$$

第4章 複数の原因で起こっているのでは(重回帰分析)

したがって,求める重回帰式は,

$$\hat{y} = 0.393 + 0.612x_1 + 0.179x_2$$

この式を用いて,データNo.1の推定値を計算すると,

$$\hat{y} = 0.393 + 0.612x_1 + 0.179x_2$$
$$= 0.393 + 0.612 \times 8.4 + 0.179 \times 8$$
$$= 0.393 + 5.14 + 1.43$$
$$= 6.96$$

となる.これを全データについて計算したのが表4-5である.

右端はその残差を2乗したものである.これを足しあわせると残差平方和S_eになる.これより,残差平方和S_eは,0.0351である.これを,

$$\theta_e = n - p - 1 = 6 - 2 - 1 = 3$$

で割ると残差の分散が求まる.

$$V_e = S_e / \theta_e = 0.0351/3 = 0.0117$$

$$\hat{\sigma}_e = \sqrt{V_e} = \sqrt{0.0117} = 0.108$$

が残差の標準偏差である.

次に寄与率を求める.$S_{yy} = 0.6550$ であるので,回帰の平方和は,

$$S_R = S_{yy} - S_e = 0.6550 - 0.0351 = 0.6199$$

表4-5 実測値と推定値および残差

No.	強度(y)	推定値($\hat{y}$)	残差(e_i)	(残差)^2
1	6.9	6.96	−0.065	0.0042
2	7.0	6.96	0.041	0.0019
3	7.2	7.26	−0.062	0.0038
4	6.7	6.60	0.102	0.0105
5	6.8	6.89	−0.095	0.0090
6	7.7	7.62	0.075	0.0057
合計			0.000	0.0351 = S_e

であり，これから寄与率R^2は，

$$R^2 = \frac{S_R}{S_{yy}} = \frac{0.6199}{0.655} = 0.946$$

重相関係数は，$R = 0.973$

通常，寄与率はこの平方和の比として定義されているが，重回帰分析では，回帰の自由度は変数の数で，残差の自由度は（データ数 − 変数の数 − 1）であり，大きく異なる．

そこで，自由度調整済みの寄与率R^{*2}を定義して用いる（superMA分析では表示していない）．

$$R^{*2} = 1 - \frac{V_e}{V_T} = 1 - \frac{S_e/(n-p-1)}{S_{yy}/(n-1)} = \frac{p(V_R - V_e)}{S_{yy}}$$

この自由度調整済みの寄与率R^{*2}は，

$$R^{*2} = 1 - \frac{V_e}{V_T} = 1 - \frac{0.0117}{0.131} = 1 - 0.0893 = 0.911$$

である．これで，解析が終了した．

以上のように，$\hat{y} = 0.393 + 0.612x_1 + 0.179x_2$ の式で，強度（Y）のデータの動きの94.6％を説明することができる．そのときの残差の標準偏差は，0.108であることがわかった．

（2） superMA分析ツールによる解析結果

元データシートにこのデータを入力し，表4-6のように変数-2と変数-3を説明変数として指定した後，yとして変数-1を指定し，解析を実施した．

解析結果は表4-7のようになり，前項で行った手計算の値と四捨五入の範囲で一致していることがわかる．

手計算では分散分析表は作っていないが，superMA分析では，簡単に作成できる．下記に示すように，表4-7の重相関係数Rの検定結果と，表4-8の分散分析表のF検定とは結果が一致する．実務的にはどちらか一方をチェックすればよいであろう．

第4章　複数の原因で起こっているのでは(重回帰分析)

表4-6　生データ表

データNo.	変数-1 強度(y)	変数-2 元素Dの量(x_1)	変数-3 添加剤の量(x_2)
1	6.9	8.4	8
2	7.0	7.8	10
3	7.2	8.3	10
4	6.7	7.8	8
5	6.8	7.7	10
6	7.7	8.6	11

表4-7　回帰統計

重相関係数 R	0.9728
寄与率 R^2	0.9464
標準偏差	0.108
観測数	6

重相関係数 $R = 0.9728 > R(3, 0.05) = 0.8783$

観測分散比 $F = 26.486 > F(2, 3 ; 0.05) = 9.552$

　$t(3, 0.05) = 3.182$ であり，表4-9に示すt値から変数-1の元素Dの量(x_1)と変数-2の添加剤の量(x_2)とも，危険率5％で有意である．すなわち，変数-1，変数-2とも特性値に影響を与えていると見てよいことがわかる．

　次に，残差の分析を行う．これは，回帰診断とも呼ばれることがある．

　6つのデータについて，実際の測定値と回帰式によって求めた値(推定値)，実測値から推定値を引いた残差，その残差を誤差の標準偏差で割って規準化した規準化残差を表4-10に示す．

　この残差をデータの順番に折れ線グラフで表したのが図4-2である．

表4-8　分散分析表

	平方和	自由度	分散	観測分散比	有意F
回　帰	0.620	2	0.310	26.486	9.552
残　差	0.035	3	0.012		
合　計	0.655	5			

表4-9　回帰係数とt値

	変数名	偏回帰係数	t値
切片	定数	0.393	0.376
変数1	元素Dの量(x_1)	0.612	4.685
変数2	添加剤の量(x_2)	0.179	4.431

表4-10　残差分析表

データNo.	Y_i 実測値	$\hat{Y}_i$ 推定値	ε_i 残差	$\varepsilon_i/\sigma_\varepsilon$ 規準化残差
1	6.90	6.96	−0.06	−0.60
2	7.00	6.96	0.04	0.41
3	7.20	7.26	−0.06	−0.57
4	6.70	6.60	0.10	0.95
5	6.80	6.89	−0.09	−0.88
6	7.70	7.62	0.08	0.70

　図4-3に示しているのは，横軸に実測値，縦軸に推定値をプロットしたものである．このグラフでは，$y = x$といった45°の線上の付近にプロットがあれば，良い解析であることを示している．
　よくある異常な状態としては，
① 値の大きいところと小さいところでばらつきが違う．

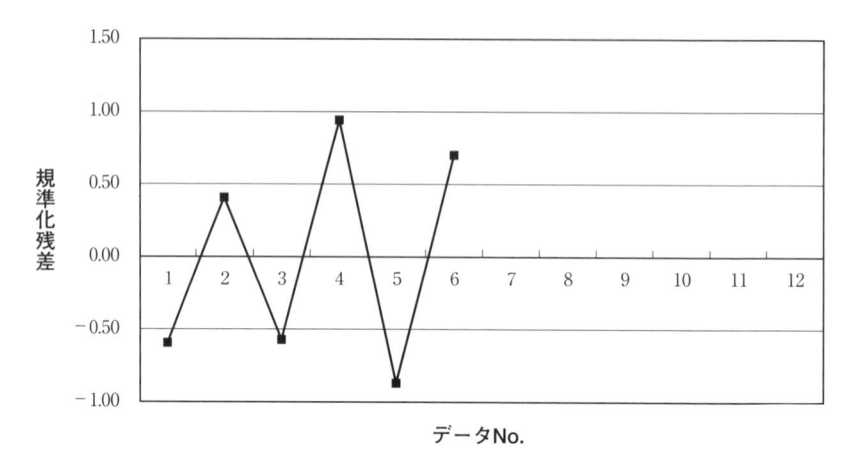

第4章 複数の原因で起こっているのでは（重回帰分析）

図4-2 データNo.順の規準化残差のグラフ

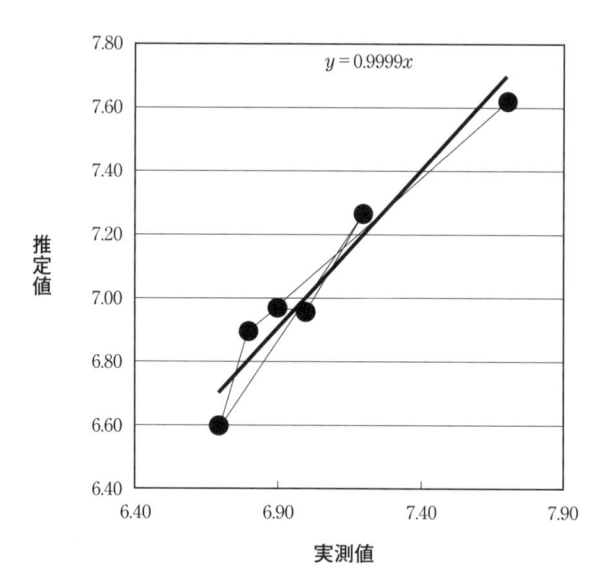

図4-3 特性値の実測値と推定値のグラフ

注) 解析ソフトでは，エクセルのグラフ機能で目盛りを変更することが必要です．

② 値の中間は線の下にプロットが多くあり，小さいところと大きいところでは線の上側にプロットが多い．この場合は，2次の項やその他の曲線関係が存在することを示している．
③ 1つだけ線から離れたところにプロットがある．この場合は，何らかの異常が発生していることが多い．測定ミスや記入ミスもこの状態になる．

4.4 重回帰分析の種類

(1) 重回帰分析の種類

重回帰分析は，
① 基本重回帰分析：解析に用いる説明変数をすべて自分で指定するもので，最も基本的な解析方法，
② ステップワイズ重回帰分析：解析に用いる説明変数をコンピュータが自動で計算する方法．順番に変数を増やしていく方法と，最初にすべて変数を取り込み，関係のないものから順番に変数を減らしていく方法が代表的である，

の2つに大きく分けることができる．

②のステップワイズ重回帰分析は何の情報もない状況で最初に全体感をつかむために実施することが多い．

ステップワイズ重回帰分析のいろいろなタイプについては次の(2)に示す．

ステップワイズ重回帰分析は変数の取捨選択が自動で実施されるため，残したい変数が落とされたり，残したくない変数が残ったりするので，最終的には手動で変数を指定して解析することが圧倒的に多いのが現実である．これは①の基本重回帰分析そのものである．そのため，本書のsuperMA分析も，すべて変数は自分で指定するようにしてある．

変数の取捨選択は全データの相関行列を作り，この相関係数を見ながら行うとよい．特に，説明変数同士の相関が高いものは，どちらかを解析対象から外

第4章　複数の原因で起こっているのでは(重回帰分析)

すことが必要である(第9章の9.1「多重共線性」の項を参照).

(2) ステップワイズ重回帰分析の種類と手法

表4-11に示すように変数を増減する解析法を総称して，ステップワイズ重回帰分析，またはステップワイズ法ということがある．これらは，自動で変数の選択を行うため，固有技術が入り込まないという特徴がある．これらは，利点であり，欠点でもある．利用するときは注意いただきたい．

表4-11　重回帰分析における変数の増減の方法

解析手法	方法の概略
① 変数増加法	回帰による平方和の増加に最も寄与する変数を1つずつ増やしていく方法．逆に見れば，残差の平方和を減少させていくと見てもよい．
② 変数減少法	最初に，すべての変数を取り込んだ重回帰分析を行い，目的変数に対する寄与の少ない，言い換えると，回帰による平方和が減少する度合いの小さい変数を減らしていく方法．
③ 変数増減法	変数増加法と同じ方法で，解析を行っていくが，新しい変数を取り込むことによって，先に取り込んだ変数の寄与度が下がることがある．このような場合，寄与度の下がった変数を外して，次の変数の探索を行う方法．
④ 変数減増法	変数減少法と同じ方法で解析を行っていくが，一度，不要として落とした変数を再び解析対象とする方法．

(3) 扱うデータの種類

近年，重回帰分析がいろいろな分野で用いられるようになってきた．特に，従来は，同一時点の同一対象に関するものが中心であったが，時間に関する変化(時系列変化という)も扱うようになってきた．

表 4-12 対象の種類と観察時点の違いによる分類

	同一時点	時系列変化
同一対象	従来の重回帰分析	時系列重回帰分析（Time Series）
複数対象	クロスセクション（Cross Section）	パネルデータ（Panel Data）

　対象の種類と観察時点の違いによって名前が違うので，表4-12に示す．

　これは，時系列変化を時期(年や月など)の変数として扱うものであり，これをトレンドという．通常，単純に増加，減少，変化なしとして扱う．増加して減少の場合は，減少のところだけを用いる．トレンドの変数の次数は1次で扱う．2次以上も考えられるが，用いられることは少ない．

第5章 良品と不良品では作り方に違いがあるのだろうか（判別分析）

5.1 適用場面の例

判別分析とはどのようなもので，どのような場面で必要となるのか？ 以下に判別分析の例を紹介する．

【例－1】 ある国家資格の合格・不合格の基準を知りたい．そこで，表5-1に示すように，試験直前に実施された模擬試験の結果と，実際の試験の合格・不合格の結果から，どのような関連性があるかを調べたい．関連性がわかれば，次の試験からは，各人が自分の弱みをどの程度強化すればよいかを推定できる．いまの自分は合格グループにいるのか，不合格グループにいるのかがわかるとともに，どの程度レベルを上げれば，合格する確率が何％ぐらいになるのかといったことが推測できる．

【例－2】 ある工場で慢性的に不適合品が発生している．いろいろと製造条件

表5-1 模擬試験結果と本試験の結果

No.	一般教養問題結果	専門問題結果	口頭試験結果	合格・不合格
1	65	80	70	合格
2	60	56	60	不合格
3	75	61	85	合格
⋮	⋮	⋮	⋮	⋮
n	80	55	55	不合格

第5章 良品と不良品では作り方に違いがあるのだろうか（判別分析）

や原材料特性を調査したが，原因がわからない．単一の原因ではないようである．そこで，表5-2のような不適合品のデータと適合品のデータを集めてどこに差があるかを調査することにした．

表5-2 製造条件，原材料特性と検査結果

No.	材料強度	加工温度	加工方法	…	後処理温度	検査結果
1	78	210	15	…	135	不適合
2	83	235	21	…	180	不適合
3	92	260	17	…	150	適合
⋮	⋮	⋮	⋮	⋮	⋮	⋮
n	81	215	13	…	145	適合

【例－3】 毎日の天気予報では，どのような方法で天候の予測が行われているのだろう．確率は何を基準にして出しているのだろう．何か，法則性があるはずだ．調べてみよう（表5-3）．

表5-3 前日の状態と翌日の天候

No.	前日の気温	前日の湿度	A地点の湿度	気圧変化量	…	天候
1	21	50	78	5	…	晴れ
2	15	75	45	15	…	雨
3	18	60	60	8	…	曇り
⋮	⋮	⋮	⋮	⋮	⋮	⋮
n	23	65	65	7	…	晴れ

【例－4】 毎日，病院の医者のもとには多くの患者がやってくる．医者は，短時間のうちに患者の病名と病気の軽重を判断している．どのような情報をどのような基準で判断しているのか．誤診を防止するために，経験だけの判断ではなく，事実にもとづいた確度の高い判断を行いたい．どのような項目を取り上

げ，どのレベルであれば，原因はこれだというように判断できるか．また，新人でも使えるように判断基準を数値化したい．どのようにすればよいか？

5.2 判別とは（グルーピング）

【例－2】をくわしく見てみよう．多くの変数がある中で，材料強度と加工温度のグラフを描いてみた（図5-1）．

今回の命題は，検査で適合と不適合になる製造条件のどこに差があるかを見つけることと，不適合にならないような条件を現場で作り上げることである．表5-4の材料強度と加工温度をそれぞれ見ただけでは，違いを見つけることはできない．それぞれを適合と不適合に分け，平均と標準偏差を求めたが，差は認められない（表5-4，表5-5）．これは，図5-1の縦方向の矢印と横方向

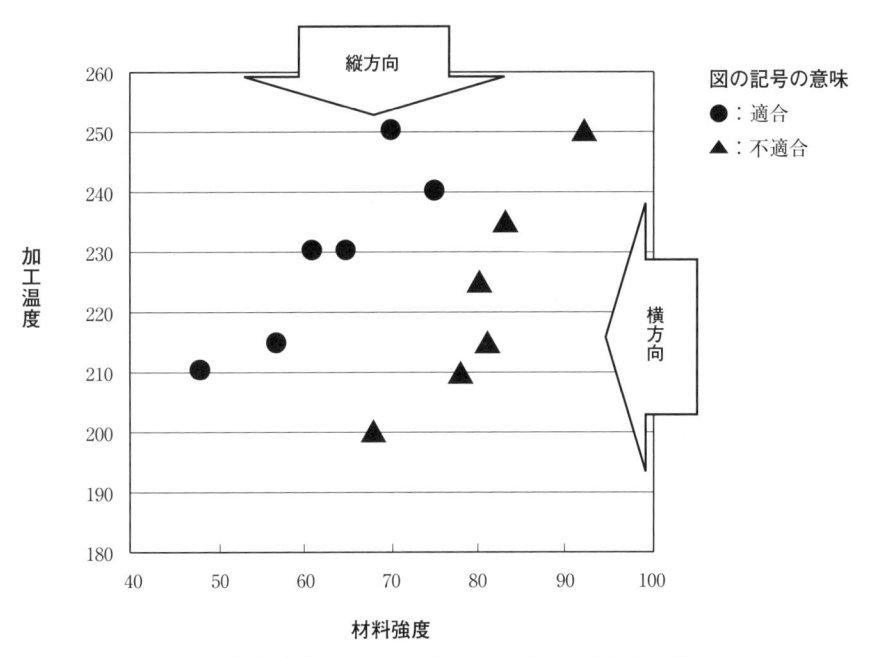

図5-1　材料強度と加工温度と製品の適・不適合品の散布図

第5章 良品と不良品では作り方に違いがあるのだろうか(判別分析)

表5-4 材料強度と加工温度と検査結果

No.	材料強度	加工温度	検査結果
1	78	210	適合
2	83	235	不適合
3	92	250	適合
4	65	230	適合
5	57	215	適合
6	70	250	適合
7	48	210	不適合
8	80	225	不適合
9	61	230	適合
10	75	240	不適合
11	68	200	不適合
12	81	215	不適合

表5-5 材料強度と加工温度の適合・不適合における差

	材料強度		加工温度	
	平均	標準偏差	平均	標準偏差
適　合	70.50	12.82	230.83	16.86
不適合	72.50	13.16	220.83	15.30
全　体	71.50	12.43	225.83	16.21

の矢印の方向からデータを見たことに相当する．

　賢明な読者はすぐに気がつくと思うが，これらのデータは適合と不適合とで，層になっていることがわかる．見る方向を変えれば，その左右で適合と不適合とに分かれる直線を引くことができる．このように2つのグループを明確に分割する1本の直線を探すことを，**線形関数**による**判別分析**という．変数が

3つになれば，平面で分割しようということである．一般的に，n個の変数からなるデータは，n次元で表される．このとき，（n − 1）次元で空間を分割する方法のことを意味する．

図5-1にグループを分割する線を書き入れると図5-2のようになり，太い実線で適合と不適合に分離できていることがわかる．

このことを式を使って表すと，

$z = ax + by + c$

この，$z = ax + by + c$を線形判別関数という．この式に，各データのx, yを入力して求めたzを判別得点という．この例では，先ほどの縦方向，横方向から見た場合，図5-3の状態になっている．30°回転したところで，図5-4の状態になる．さらに，回転していくと，約45°の位置まできた場合，図5-5に示すように2つの分布が分かれた状態になる．この中心に線を引けばよいので

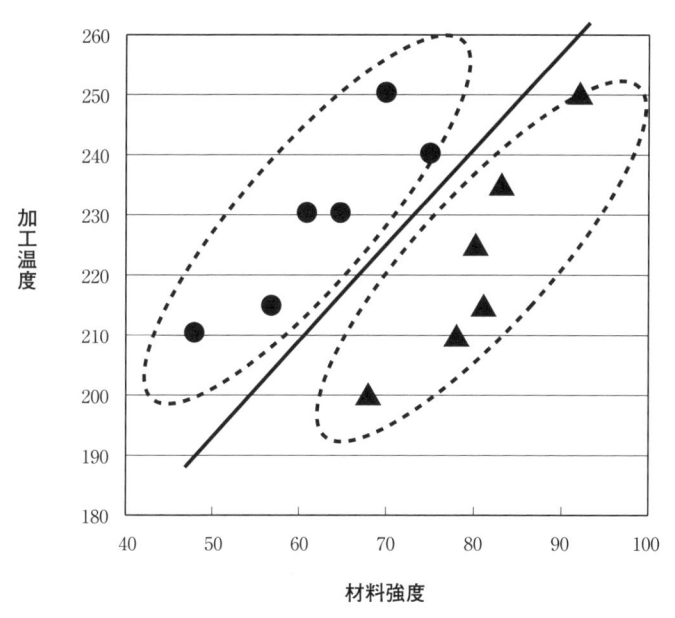

図5-2 適・不適合品のグループ分け

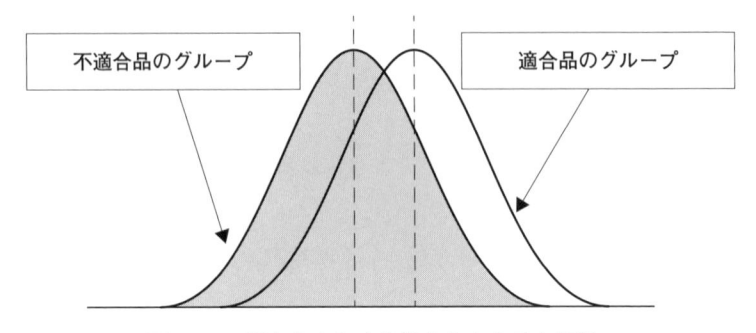

第5章　良品と不良品では作り方に違いがあるのだろうか(判別分析)

図5-3　縦方向もしくは横方向から見た状態

不適合品のグループ　　適合品のグループ

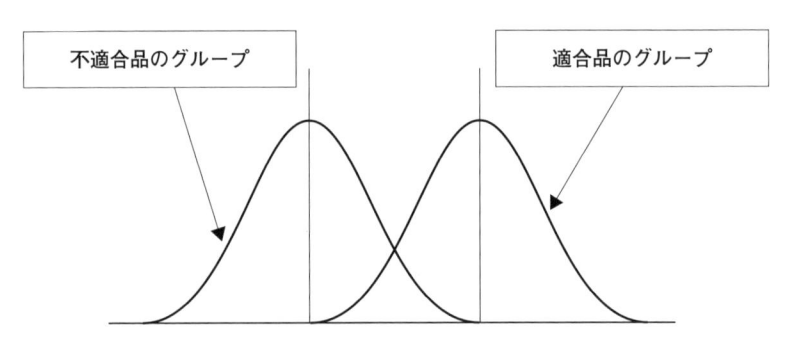

図5-4　30°回転したところで見た状態

不適合品のグループ　　適合品のグループ

線形判別関数

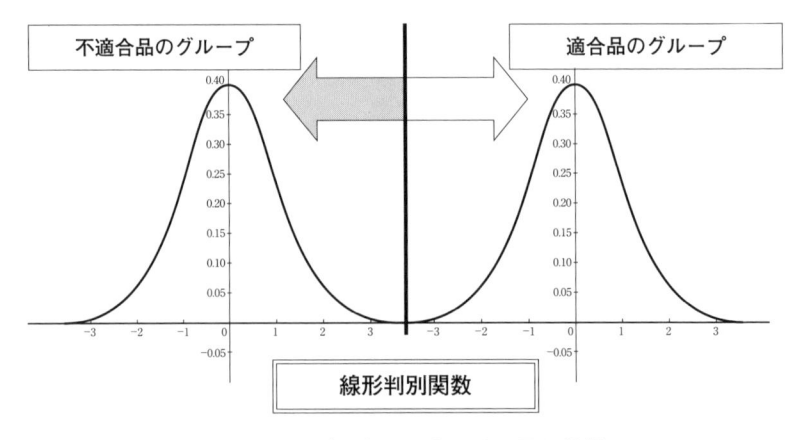

図5-5　45°回転したところで見た状態

ある.

すなわち,データを分割する直線を探すことと,2つのグループを明確に分離する方向を探すことは,同じであることがわかる.

5.3 解析の理論

図5-6に示すように,点(x_i, y_i)と分割直線との距離dを求めればよい.

$$d_i = \frac{|ax_i + by_i + c|}{\sqrt{a^2 + b^2}} = \frac{|z_i|}{\sqrt{a^2 + b^2}} = \frac{|サンプルの判別得点|}{\sqrt{a^2 + b^2}}$$

これは,1点の距離であるので,すべての点について距離を求めてみる.分母は共通なので,分子の判別得点の分散について計算する.

$$(判別得点の分散\ S_z^2) = \frac{1}{n-1}\left\{(z_1 - \overline{z})^2 + (z_2 - \overline{z})^2 + \cdots + (z_n - \overline{z})^2\right\}$$

この式の分子が,平方和になっている.次に,この平方和を,グループ内の

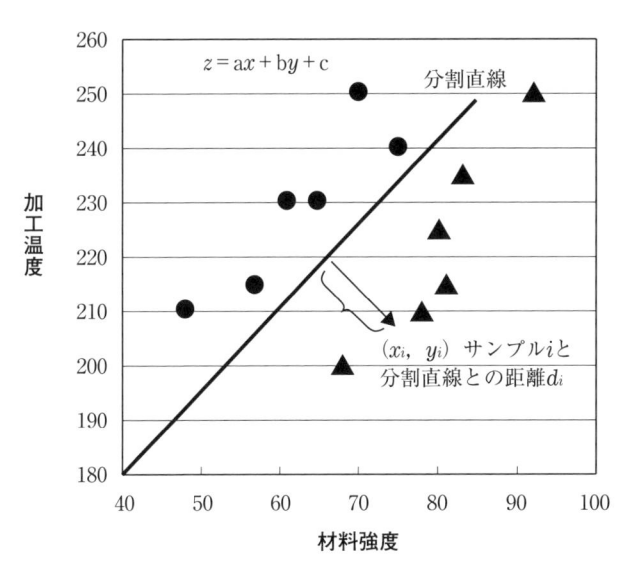

図5-6 2つのグループを分ける線とデータとの距離

第5章　良品と不良品では作り方に違いがあるのだろうか(判別分析)

平方和(S_W)とグループ間の平方和(S_B)に分けてみる．

ここで，全平方和をS_T，グループ1，2のサンプル数をn_1，n_2とする．

$$S_T = S_B + S_W$$

$$S_B = n_1(\bar{z}_1 - \bar{\bar{z}})^2 + n_2(\bar{z}_2 - \bar{\bar{z}})^2$$

$$S_W = (z_{11} - \bar{z}_1)^2 + (z_{21} - \bar{z}_1)^2 + \cdots + (z_{n1 \cdot 1} - \bar{z}_1)^2 + (z_{12} - \bar{z}_2)^2 + (z_{22} - \bar{z}_2)^2 + \cdots + (z_{n2 \cdot 2} - \bar{z}_2)^2$$

これを，平方和の分解といい，品質管理(SQC：統計的品質管理)でよく用いられる．

このようにして，データの動きを

　　　(S_T：判別得点の偏差平方和)＝

　　　　　(S_B：グループ間の距離の指標)＋(S_W：グループ内の変動の和)

に分解すると，このS_Bを最大にする線を求めればよいことがわかる．しかし，これらの値はデータ数が増加するに従い，どんどん大きくなる．そこで，$F = S_B/S_T$を最大にする．このFに先ほどの式を代入して，かつ，元のx，yに戻すと，

$$F = \frac{n_1\{a(\bar{x}_1 - \bar{\bar{x}}) + b(\bar{y}_1 - \bar{\bar{y}})\}^2 + n_2\{a(\bar{x}_2 - \bar{\bar{x}}) + b(\bar{y}_2 - \bar{\bar{y}})\}^2}{(n-1)\{a^2 S_x^2 + 2ab S_{xy} + b^2 S_y^2\}}$$

となる．この値が最大値をとればよいので，この位置における微分係数が0である条件で解けばよい．

それらを整理すると，

$$\begin{cases} aV_{11} + bV_{12} = d_1 & (d_1 = x_1 - x_2) \\ aV_{21} + bV_{22} = d_2 & (d_2 = y_1 - y_2) \end{cases}$$

となる．これをベクトル，行列で表すと，

$$[a \; b]\begin{bmatrix} V_{11} & V_{21} \\ V_{12} & V_{22} \end{bmatrix} = [d_1 \; d_2]$$

$$\therefore [a \; b] = [d_1 \; d_2]\begin{bmatrix} V_{11} & V_{21} \\ V_{12} & V_{22} \end{bmatrix}^{-1} = [(x_1 - x_2) \; (y_1 - y_2)]\begin{bmatrix} V_{11} & V_{21} \\ V_{12} & V_{22} \end{bmatrix}^{-1}$$

となる．

5.3 解析の理論

線形判別関数 L の定数項を除いた部分は，

$$L' = [\mu_1 - \mu_2]^T [V_{ij}]^{-1} \begin{bmatrix} x \\ y \end{bmatrix}$$

となる．これに定数項を加える．

$$L^{\mathrm{cnst}} = [\mu_1 - \mu_2]^T [V_{ij}]^{-1} \left[\frac{\mu_1 + \mu_2}{2} \right]$$

あわせると，

$$L = L' + L^{\mathrm{cnst}}$$
$$= [\mu_1 - \mu_2]^T [V_{ij}]^{-1} \begin{bmatrix} x \\ y \end{bmatrix} + [\mu_1 - \mu_2]^T [V_{ij}]^{-1} \left[\frac{\mu_1 + \mu_2}{2} \right]$$

が求める判別関数である．

また，この値が，プラス（正）の場合，そのデータはグループ 1 に属し，マイナス（負）の場合，そのデータはグループ 2 に属す．

以上を 2 次元の正規分布にもとづいて説明する．3 次以上も同じである．

2 つの母集団を π_1，π_2 とする．一方，p 次元（変数が p 個）の正規分布は，

$$p_g(x) = \frac{1}{\sqrt{2\pi}\,\sigma_g} e^{-\frac{1}{2\sigma_g^2}(x-y_g)^2} \equiv \frac{1}{\sqrt{2\pi |[V_{ij}]_g|}} e^{-\frac{1}{2}(x-\mu_g)'[V_{ij}]_g^{-1}(x-\mu_g)} \cdots (1)式$$

と書ける．

x が実際は π_1 であるのに，誤って π_2 に属すると判定される確率を p_{21} とすれば，

$$p_{21}(x) = \int_{R_2} p_1(x)\,dx = \frac{1}{(\sqrt{2\pi})^p \sqrt{|[V_{ij}]_g|}} \int_{R_2} e^{-\frac{1}{2}(x-\mu_1)'[V_{ij}]_g^{-1}(x-\mu_1)}\,dx$$

と与えられ，同じように実際は π_2 であるのに，誤って π_1 に属すると判定される確率を p_{12} とすれば，

$$p_{12}(x) = \int_{R_1} p_1(x)\,dx = \frac{1}{(\sqrt{2\pi})^p \sqrt{|[V_{ij}]_g|}} \int_{R_1} e^{-\frac{1}{2}(x-\mu_2)'[V_{ij}]_g^{-1}(x-\mu_2)}\,dx$$

となる．領域 R_1 と R_2 は重ならないように分割するので，

第5章　良品と不良品では作り方に違いがあるのだろうか（判別分析）

$$\int_R p_1(x)\,dx = 1, \quad \int_R p_2(x)\,dx = 1$$

となる．さらに，次の条件も成立する．

$$\int_{R_1} p_2(x)\,dx = 1 - \int_{R_1} p_1(x)\,dx$$

つまり，

$$\int_{R_1} \{p_1(x) + p_2(x)\}\,dx = 1$$

の条件で先ほどの誤判別確率を最小にする．ラグランジェの定数v_0を用いると，

$$\int_{R_1} \{p_1(x) - v_0[p_1(x) + p_2(x)]\}\,dx$$

を最小にすることになり，

$$v = \frac{1 - v_0}{v_0}$$

とおくと，

$$v_0 \int_{R_1} \{v p_2(x) - p_1(x)\}\,dx$$

と書き直せる．また，この積分は$\{vp_2(x) - p_1(x)\}$がマイナスのときに最小値をとる（既知）．

したがって，境界は，

$$\frac{p_1(x)}{p_2(x)} = v$$

で与えられる．これに，（1）式を代入すると，

$$\frac{p_1(x)}{p_2(x)} = e^{-\frac{1}{2}[(x-\mu_1)'[V_0]^{-1}(x-\mu_1) - (x-\mu_2)'[V_0]^{-1}(x-\mu_2)]}$$

整理すると

$$\frac{p_1(x)}{p_2(x)} = e^{[(\mu_1-\mu_2)'[V_0]^{-1}x' - \frac{1}{2}(\mu_1-\mu_2)'[V_0]^{-1}(\mu_1+\mu_2)]}$$

となる．この両辺の対数をとると，

$$L(x) = \log \frac{p_1(x)}{p_2(x)} = (\mu_1 - \mu_2)'[V_{ij}]^{-1}x' - \frac{1}{2}(\mu_1 - \mu_2)'[V_{ij}]^{-1}(\mu_1 + \mu_2)$$

が得られる．これが，線形判別関数である．

μ_1，μ_2はグループ1, 2の平均値，$[V]^{-1}$は分散行列の逆行列である．

<再び例題の説明>

表5-6 表5-5の材料強度と加工温度の適合・不適合における差（再掲）

	材料強度		加工温度	
	平均	標準偏差	平均	標準偏差
適　合	70.50	12.82	230.83	16.86
不適合	72.50	13.16	220.83	15.30
全　体	71.50	12.43	225.83	16.21

$$\mu_1 = \begin{bmatrix} \bar{x}_1 \\ \bar{x}_2 \end{bmatrix} = \begin{bmatrix} 70.50 \\ 230.83 \end{bmatrix}, \quad \mu_2 = \begin{bmatrix} \bar{x}_1 \\ \bar{x}_2 \end{bmatrix} = \begin{bmatrix} 72.50 \\ 220.83 \end{bmatrix},$$

$$V = \begin{bmatrix} 154.50 & 86.36 \\ 86.36 & 262.76 \end{bmatrix},$$

$$V^{-1} = \frac{\begin{bmatrix} 262.76 & -86.36 \\ -86.36 & 154.50 \end{bmatrix}}{\begin{vmatrix} 154.50 & 86.36 \\ 86.36 & 262.76 \end{vmatrix}} = \frac{\begin{bmatrix} 262.76 & -86.36 \\ -86.36 & 154.50 \end{bmatrix}}{154.50 \times 262.76 - 86.36 \times 86.36}$$

$$= \frac{\begin{bmatrix} 262.76 & -86.36 \\ -86.36 & 154.50 \end{bmatrix}}{33138} = \begin{bmatrix} 0.00793 & -0.0026 \\ -0.0026 & 0.00466 \end{bmatrix}$$

これらより，

第5章　良品と不良品では作り方に違いがあるのだろうか(判別分析)

$$\mu_1 + \mu_2 = \begin{bmatrix} 70.50 + 72.50 \\ 230.83 + 220.83 \end{bmatrix} = \begin{bmatrix} 143.00 \\ 451.66 \end{bmatrix},$$

$$\mu_1 - \mu_2 = \begin{bmatrix} 70.50 - 72.50 \\ 230.83 - 220.83 \end{bmatrix} = \begin{bmatrix} -2.00 \\ 10.00 \end{bmatrix}$$

$$[\mu_1 - \mu_2]'[V]^{-1} = [-2.00 \quad 10.00] \begin{bmatrix} 0.00793 & -0.0026 \\ -0.0026 & 0.00466 \end{bmatrix} = [-0.04186 \quad 0.0518]$$

$$-\frac{1}{2}[\mu_1 - \mu_2]'[V]^{-1}[\mu_1 - \mu_2] = -\frac{1}{2}[-0.04186 \quad 0.0518] \begin{bmatrix} 143.00 \\ 451.66 \end{bmatrix} = -8.705$$

となる．したがって，線形判別関数式は，

$$z = -0.04186(x - 71.5) + 0.0518(y - 225.833) - 8.705$$

である．

$$z = -0.04186x + 0.0518y - 8.705$$

この式によって，判別得点を計算したものを，表5-7に示す．

判定は，

　　$z > 0$ の場合：第1群(適合)に属する

　　$z < 0$ の場合：第2群(不適合)に属する

としてみる．

12個すべてのデータについて判別得点を求め，判定した結果を表5-7に示す．また，もともとの判定結果も表5-8に示してある．

このもとの判定結果と判別得点による判定結果が一致していれば，正しく判定できたことになる．しかし，これらの判定結果が違っているものは誤判定となる．全データ数の中でいくつ誤判定になったかという率が誤判定率といわれ，当然この値が0に近い方が望ましいことになる．

ただし，誤判定となるすべての場合について判別式がおかしいというものでもない．実務においては，判別式が正しくて，実際の業務おける判定が間違っていることもよくあるので，誤判定になったデータはよく吟味することが必要である．

表 5-7 判別得点計算結果

No.	材料強度	加工温度	検査結果	判別得点	判定	判定の正誤
1	78	210	適合	−1.092	不適合	誤
2	83	235	不適合	−0.006	不適合	
3	92	250	適合	0.394	適合	
4	65	230	適合	0.488	適合	
5	57	215	適合	0.046	適合	
6	70	250	適合	1.315	適合	
7	48	210	不適合	0.164	適合	誤
8	80	225	不適合	−0.399	不適合	
9	61	230	適合	0.656	適合	
10	75	240	不適合	0.588	適合	誤
11	68	200	不適合	−1.191	不適合	
12	81	215	不適合	−0.959	不適合	

適合のデータ $n_1 = 6$ のうち,誤判別は1件,不適合のデータ $n_2 = 6$ のうち,誤判別は2件である.

全体としての誤判別率は,

$$p = \frac{3}{12} = 0.25$$

で,25％である.

第5章　良品と不良品では作り方に違いがあるのだろうか（判別分析）

表5-8　元データ表

データNo.	変数-1 材料強度	変数-2 加工温度	変数-3 検査結果	変数-4 検査結果
1	78	210	適合	1
2	83	235	不適合	-1
3	92	250	適合	1
4	65	230	適合	1
5	57	215	適合	1
6	70	250	適合	1
7	48	210	不適合	-1
8	80	225	不適合	-1
9	61	230	適合	1
10	75	240	不適合	-1
11	68	200	不適合	-1
12	81	215	不適合	-1

5.4　解析の方法

前節までは，専用の解析ソフトがある場合の説明である．これをsuperMA分析ツールを用いて行う方法を説明する．

手順-1　superMA分析ツールで解析するときは，例題のデータの右端に変数を1列追加し，ここに解析用の仮の特性値を与える．

この例では，実際の検査で適合となったサンプルには"1"を，不適合となったサンプルには"-1"を与える．

手順-2　解析にあたっては，説明変数として，変数-1（材料強度）と変数-2（加工温度）を指定し，特性値として，変数-4（検査結果）を指定

する．

手順 – 3 superMA分析を実施する．
手順 – 4 結果を確認する．
手順 – 5 結果が納得できれば，特定の条件のものを判定する．
　　　　　（手順 – 4と手順 – 5については次項で説明する）

5.5　結果の見方

まず，回帰統計を見てみよう．表5-9のように，全体としての重相関係数 R は0.4052であまり高くない．検査結果の判定のようなデータは，通常の回帰分析に比べて重相関係数 R は低いことが多い．

一般的に，検査項目がこの例のように2つの変数だけで決まることが少ないからである．

また，検査自体も，人の疲れや慣れによってばらつくこともある．この事例においては，説明の都合上，変数を2つに絞ったが，実務においては，さらに多くの情報を集めて解析することを望む．

もう1つの分散分析による判定結果も見てみよう．表5-10のように，重相関係数 R の判定と同様，観測分散比も1以下で有意でないことはすぐにわかる．重相関係数 R が低かったことと同じ結果である．

表5-9　回帰統計

重相関係数 R	0.4052
寄与率 R^2	0.1642
標準偏差	1.056
観測数	12

第5章　良品と不良品では作り方に違いがあるのだろうか(判別分析)

表5-10　分散分析表

	平方和	自由度	分散	観測分散比
回　帰	1.970	2	0.985	0.884
残　差	10.030	9	1.114	
合　計	12	11		

表5-11　回帰係数表

	変数名	偏回帰係数	t値
切片	定数	−4.747	−1.068
変数1	材料強度	−0.023	−0.807
変数2	加工温度	0.028	1.301

判別式は表5-11より，

$$z = -0.023 \times (材料強度) + 0.028 \times (加工温度) - 4.747$$

となる．このzの値が"0"になる条件が，判定の境界値になる．材料強度と加工温度を指定して，求めたzの値が正(プラス：0以上)になれば，そのサンプルは"適合品"，zの値が負(マイナス：0未満)になれば，そのサンプルは"不適合品"と判別するのである．元データにおいて，"適合品"，"不適合品"のどちらに1を入れたかによって以上の判定の仕方は変わるため，注意していただきたい．

以上より，求められた回帰式が判別分析では，"線形判別関数"そのものである．

実際のデータをこの判別式に代入して値を求めたのが，表5-12である．もとの判定結果と判別関数の結果を表示している．

この値はsuperMA分析ツールの"残差分析"シートの値をそのままコピーしただけで，何の細工もしていない．読者はこの値を計算する必要はないのである．

表5-12 判別結果の表

データNo.	元の判定結果 実測値	判別関数の結果 推定値	残差	規準化残差
1	1.00	−0.60★	1.60	1.51
2	−1.00	−0.00	−1.00	−0.94
3	1.00	0.21	0.79	0.74
4	1.00	0.27	0.73	0.69
5	1.00	0.03	0.97	0.92
6	1.00	0.72	0.28	0.27
7	−1.00	0.09★	−1.09	−1.03
8	−1.00	−0.22	−0.78	−0.74
9	1.00	0.36	0.64	0.61
10	−1.00	0.32★	−1.32	−1.25
11	−1.00	−0.65	−0.35	−0.33
12	−1.00	−0.52	−0.48	−0.45

さて,表5-12の見方であるが,実測値と推定値で正負の符号が異なっているところに着目する.

データNo.の1と7と10が正負の符号が異なっている(★をつけている箇所).この3つが誤判別になる.

理論式により手計算した結果と一致していることがわかるであろう.

5.6　判別関数の活用

判別関数の利点はこれまで説明してきたような検査で適合と不適合になる製造条件のどこに差があるかを見つけることだけではない.むしろ,次に示す【事例1】や【事例2】が本来の利用法である.解析結果より判別式は,

第5章　良品と不良品では作り方に違いがあるのだろうか（判別分析）

$$z = -0.023 \times (材料強度) + 0.028 \times (加工温度) - 4.747$$

であった．前述のように，誤判別率は25％と高いが，一応利用できるものとして説明する．実務においては，さらに精度の高い判別式を用いる必要がある．

【事例1】　新しい製造方法（工法）に変更しようと思っている．現在，表5-13の3つの案が浮上しているが，どの案がよいだろうか．

表5-13　新製造方法の判定

		案-1	得点	案-2	得点	案-3	得点
条件	材料強度	80	-1.84	90	-2.07	90	-2.07
	加工温度	250	7.00	250	7.00	220	6.16
	切片		-4.747		-4.747		-4.747
判別得点			0.413		0.183		-0.657
適・不適		適合		ぎりぎり適合		不適合	
採用可否		採用可		判定保留		採用否	
備考		3つのうちで最も良いと思われる条件		判定境界ぎりぎりで危険かもしれないので保留案である		判定結果が不適合領域であり，採用すると不適合品多発の可能性がある	

【事例2】　前工程の製造条件である"材料強度"と"加工温度"で判定し，従来の検査をなくしたい．

この場合は，製品が1つ流れてくるたびに，【事例1】で行ったことと同様の判定を現場でリアルタイムに実施し，判別得点で判断する．判別得点で不適合となった製品はラインから除き，後で人間が直接検査して判断する．使用する判別式は，【事例1】と同じである．

表5-14 オンラインでの活用事例

		ロット1	得点	ロット2	得点	ロット3	得点
前工程での製造条件	材料強度	80	−1.84	90	−2.07	90	−2.07
	加工温度	250	7.00	250	7.00	220	6.16
	切片		−4.747		−4.747		−4.747
判別得点			0.413		0.183		−0.657
製造条件を用いた判定		適合		判定保留		不適合	
自工程受入検査の要否		不要		検査実施		検査実施	
自工程での取り扱い方		この判別得点では元データで100％適合という検査結果であったので，受入検査は行わない．自工程では使用する．		判別得点は0.183でプラスであるが，サンプル10で，判別式による推定値が0.32で不適合という実績であるので，安全側の判断として検査を実施する．		従来どおりの検査を実施する．もしくは，検査を行わないで不適合と判定し，自工程では使用しない．現物は前工程に返却する．	

　表5-14では，前工程より3ロット流れてきたときの状況を表す．【事例1】の結論と比較するために，同じ条件とした．表5-13の判定結果と違うことに注意してほしい．

注1)　一般的には，判別式の0より大きいか小さいかで判定するが，この事例では，誤判別での一番厳しい条件を判定基準とした．実務においては，検出力を考えて適切に設定すること．

注2)　今回は事例であるので，変数が2つであり，手計算でも簡単に実施できるが，実務においてはパソコンなどを利用して，作業に支障のないような環境を準備しておくことが必要である．特に判別式の変数が多くなると手計算では，誤りなく，かつ，正確に計算することは現場では困難になる．

注3)　実務ではさらに多くのデータで解析すること．

第6章 アンケートの結果を解析したい
（数量化理論Ⅰ類）
―組み立て工程で品質がばらついているが，その原因は

組み立て工程などでは，誰が組み立てたか，どのロットを用いたか，何番の機械を使用したか，天候はどうであったかといったデータはあるが，これらは温度や圧力といった連続的なデータではない．こうした場合，一般的に統計的なデータ解析はできないと思いこんでいる人が多い．このようなデータは質的データといい，質的データを解析する方法が数量化理論といわれるものである．以下にその中でも最もよく用いられる数量化理論Ⅰ類を紹介する．

6.1 数量化理論Ⅰ類の理論と計算方法

新製品の企画の良否を判断するために，よく市場調査が実施される．市場調査では，この場合，以下のようなデータ【例－1】が得られる．

（1） 例題の説明（適用場面）

【例－1】 ある家電商品の販売直後1年間の状況を調査した．はがきによるアンケートは回収率が悪く，サンプルであるユーザが偏るので，大手量販店の出口調査を実施した．アンケート内容は以下のとおりである．商品を購入した顧客には，1カ月の小遣いの金額についても同時に質問した．

(問1) 年齢は？：①20歳以下 ②20～39歳 ③40～59歳 ④60歳以上
(問2) 身長は？：①150cm以下 ②151～165cm ③166～180cm ④181cm以上
(問3) 好きなスポーツは？：①野球 ②サッカー ③スキー ④テニス ⑤その他
・・
(問n) 1カ月の小遣いはいくらですか？：〔自由に書き込む〕

これらの顧客の1カ月の小遣いは，どのような要素で決まっているのか？

第6章　アンケートの結果を解析したい(数量化理論Ⅰ類)

また，商品を購入してくれた人にはどのような特徴があるのだろうか？　といったようなことは，1つの要因の影響だけでは説明できないので，複数の要因の影響度合いを定量的に分析してみたい．

【例－2】　ある工場で製品の最終検査の特性値がばらついて困っているため，その特性値のばらつきを減少する対策を実施することになった．そこで，特性値のばらつきと関係のありそうな要因について調査した．これが，表6-1のデータである．これらのどの要因が影響しているかを解析することにした．

検査特性値と，これら製造条件や原材料特性との関連性が認められれば，なぜ，そのような傾向があるかを改めて調査することで，改善の方向性や改善方法そのものが発見される可能性がある．どのような解析手法を用いればよいのか？

以上の2つの例を見てわかるのは，説明変数(独立変数)が層別因子である場合の重回帰分析のようである．

このような問題を解くのが数量化理論Ⅰ類である．以下に，その解析の考え方と解法を説明する．

表6-1　製造条件，原材料特性と検査特性値

No.	材料メーカ	加工方法	組立順序	…	組立担当者	検査特性値
1	A社	Ⅰ法	C方式	…	Sさん	180
2	C社	Ⅲ法	A方式	…	Kさん	135
3	B社	Ⅰ法	B方式	…	Wさん	145
⋮	⋮	⋮	⋮	⋮	⋮	⋮
n	C社	Ⅱ法	C方式	…	Tさん	150

6.2 数量化理論によるモデル化

数量化理論では,新しい用語が用いられる.次の例題を見てみよう.
ここで,次の言葉が初めて出てくる.

　アイテム；アンケートの問い,実験因子,項目,品目,種目
　カテゴリー；答え(多数の選択肢の中から1つだけ選ぶ),実験の水準,部
　　　　　　　門,種類
　外的規準；特性値,目的変数

【事例】 加工方法と加工担当者と製品精度(特性値)の関係

　ある製品の精度(特性値)が,加工方法と加工担当者の違いでどのように変わっているか,その関係を定量的に解明するために集めたデータが表6-2である(製品の精度は指数化してあり,大きい方の精度がよいものとする).

　表6-2を記号で書くと表6-3のようになる.記号で書くとむずかしいように感じるが,X_{iii}には,0か1が入る.

　この表で✓点のついた箇所の値を1,ついていないところを0で表すと表6-4のようになる.

　データをこの状態にすれば,回帰分析の手法を用いることが可能となる.一番簡単な回帰モデルとして,次の回帰式を考える.

$$y = b_0 + b_{11}x_{11} + b_{12}x_{12} + b_{13}x_{13} + b_{21}x_{21}$$
$$+ b_{22}x_{22} + b_{23}x_{23} + b_{24}x_{24} + e$$

　　　(eは正規分布で,互いに独立で,期待値0,分散σ^2をもつ)

ここで,$x_{11} + x_{12} + x_{13} = 1$(このうち,必ずどれか1つが1でほかは0なので)となり,このまま回帰分析をしようとしても,正規方程式の係数行列の値が0になり,逆行列を求めることができない(多重共線性).

　上の式で,$b_{11} = 0$,$b_{21} = 0$(ほかのb_{12},b_{22}でもよい)のように,1つのアイテムの中のどれか1つのカテゴリーに対する回帰係数(b_{ij},カテゴリースコアという)を0とおいて解けばよい.

第6章　アンケートの結果を解析したい（数量化理論Ⅰ類）

表6-2　例題；加工方法と加工担当者と製品精度（特性値）の関係

サンプル番号	アイテム1（加工方法）			アイテム2（加工担当者）				特性値
	カテゴリー1(A)	カテゴリー2(B)	カテゴリー3(C)	カテゴリー1(K)	カテゴリー2(T)	カテゴリー3(S)	カテゴリー4(H)	
1	✓						✓	11.7
2	✓			✓				14.0
3		✓				✓		11.5
4	✓				✓			13.5
5		✓					✓	11.5
6			✓	✓				13.3
7			✓		✓			13.2
8			✓				✓	13.0
9		✓		✓				13.0
10			✓			✓		12.8
11		✓			✓			12.5
12	✓					✓		13.3

表6-3　例題；加工方法と加工担当者と製品精度（特性値）の関係

サンプル番号	アイテム1（加工方法）			アイテム2（加工担当者）				特性値
	カテゴリー1(X_{11})	カテゴリー2(X_{12})	カテゴリー3(X_{13})	カテゴリー1(X_{21})	カテゴリー2(X_{22})	カテゴリー3(X_{23})	カテゴリー4(X_{24})	
1	X_{111}	X_{112}	X_{113}	X_{121}	X_{122}	X_{123}	X_{124}	11.7(y_1)
2	X_{211}	X_{212}	X_{213}	X_{221}	X_{222}	X_{223}	X_{224}	14.0(y_2)
3	X_{311}	X_{312}	X_{313}	X_{321}	X_{322}	X_{323}	X_{324}	11.5(y_3)
4	X_{411}	X_{412}	X_{413}	X_{421}	X_{422}	X_{423}	X_{424}	13.5(y_4)
5	X_{511}	X_{512}	X_{513}	X_{521}	X_{522}	X_{523}	X_{524}	11.5(y_5)
6	X_{611}	X_{612}	X_{613}	X_{621}	X_{622}	X_{623}	X_{624}	13.3(y_6)
7	X_{711}	X_{712}	X_{713}	X_{721}	X_{722}	X_{723}	X_{724}	13.2(y_7)
8	X_{811}	X_{812}	X_{813}	X_{821}	X_{822}	X_{823}	X_{824}	13.0(y_8)
9	X_{911}	X_{912}	X_{913}	X_{921}	X_{922}	X_{923}	X_{924}	13.0(y_9)
10	X_{1011}	X_{1012}	X_{1013}	X_{1021}	X_{1022}	X_{1023}	X_{1024}	12.8(y_{10})
11	X_{1111}	X_{1112}	X_{1113}	X_{1121}	X_{1122}	X_{1123}	X_{1124}	12.5(y_{11})
12	X_{1211}	X_{1212}	X_{1213}	X_{1221}	X_{1222}	X_{1223}	X_{1224}	13.3(y_{12})

注）　添え字の意味（サンプル番号，アイテム番号，カテゴリー番号）

表6-4 例題；加工方法と加工担当者と製品精度（特性値）の関係

サンプル番号	アイテム1（加工方法）			アイテム2（加工担当者）				特性値
	カテゴリー1(A)	カテゴリー2(B)	カテゴリー3(C)	カテゴリー1(K)	カテゴリー2(T)	カテゴリー3(S)	カテゴリー4(H)	
1	1	0	0	0	0	0	1	11.7
2	1	0	0	1	0	0	0	14.0
3	0	1	0	0	0	1	0	11.5
4	1	0	0	0	1	0	0	13.5
5	0	1	0	0	0	0	1	11.5
6	0	0	1	1	0	0	0	13.3
7	0	0	1	0	1	0	0	13.2
8	0	0	1	0	0	0	1	13.0
9	0	1	0	1	0	0	0	13.0
10	0	0	1	0	0	1	0	12.8
11	0	1	0	0	1	0	0	12.5
12	1	0	0	0	0	1	0	13.3

通常，ダミー変数を導入するとき，水準数より1つ少ないダミー変数を導入する．

この条件を入れると，上の式は，

$$y = b_0 + b_{12}x_{12} + b_{13}x_{13} + b_{22}x_{22} + b_{23}x_{23} + b_{24}x_{24} + e$$

となり，b_0，b_{12}，b_{13}，b_{22}，b_{23}，b_{24} を求めることができる．

6.3 例題の解法

前述の説明により，多重共線性を避けるために，モデルを，

$$y = b_0 + b_{12}x_{12} + b_{13}x_{13} + b_{22}x_{22} + b_{23}x_{23} + b_{24}x_{24} + e$$

とおき，解いてみる．解法としては，重回帰分析と同じ方法を用いる．データ行列 D は，

第6章 アンケートの結果を解析したい（数量化理論Ⅰ類）

$$D = \begin{bmatrix} 1 & x_{112} & x_{113} & x_{122} & x_{123} & x_{124} & y_1 \\ 1 & x_{212} & x_{213} & x_{222} & x_{223} & x_{224} & y_2 \\ 1 & x_{312} & x_{313} & x_{322} & x_{323} & x_{324} & y_3 \\ 1 & x_{412} & x_{413} & x_{422} & x_{423} & x_{424} & y_4 \\ 1 & x_{512} & x_{513} & x_{522} & x_{523} & x_{524} & y_5 \\ 1 & x_{612} & x_{613} & x_{622} & x_{623} & x_{624} & y_6 \\ 1 & x_{712} & x_{713} & x_{722} & x_{723} & x_{724} & y_7 \\ 1 & x_{812} & x_{813} & x_{822} & x_{823} & x_{824} & y_8 \\ 1 & x_{912} & x_{913} & x_{922} & x_{923} & x_{924} & y_9 \\ 1 & x_{1012} & x_{1013} & x_{1022} & x_{1023} & x_{1024} & y_{10} \\ 1 & x_{1112} & x_{1113} & x_{1122} & x_{1123} & x_{1124} & y_{11} \\ 1 & x_{1212} & x_{1213} & x_{1222} & x_{1223} & x_{1224} & y_{12} \end{bmatrix} = \begin{bmatrix} 1 & 0 & 0 & 0 & 0 & 1 & 11.7 \\ 1 & 0 & 0 & 0 & 0 & 0 & 14.0 \\ 1 & 1 & 0 & 0 & 1 & 0 & 11.5 \\ 1 & 0 & 0 & 1 & 0 & 0 & 13.5 \\ 1 & 1 & 0 & 0 & 0 & 1 & 11.5 \\ 1 & 0 & 1 & 0 & 0 & 0 & 13.3 \\ 1 & 0 & 1 & 1 & 0 & 0 & 13.2 \\ 1 & 0 & 1 & 0 & 0 & 1 & 13.0 \\ 1 & 1 & 0 & 0 & 0 & 0 & 13.0 \\ 1 & 0 & 1 & 0 & 1 & 0 & 12.8 \\ 1 & 1 & 0 & 1 & 0 & 0 & 12.5 \\ 1 & 0 & 0 & 0 & 1 & 0 & 13.3 \end{bmatrix}$$

となる．実際のデータシートを示す（表6-5は，変数名のところに，アイテム＋カテゴリー名を入れたもの）．対象となるカテゴリーのところに1を入れ，非対象のカテゴリーのところに0を入れたものである．

第1アイテムは3つのカテゴリー（3つの変数），第2アイテムは4つのカテ

表6-5 データ表

8	変数-1	変数-2	変数-3	変数-4	変数-5	変数-6	変数-7	変数-8
変数名	方法A	方法B	方法C	担当K	担当T	担当S	担当H	特性値
1	1	0	0	0	0	0	1	11.7
2	1	0	0	1	0	0	0	14.0
3	0	1	0	0	0	1	0	11.5
4	1	0	0	0	1	0	0	13.5
5	0	1	0	0	0	0	1	11.5
6	0	0	1	1	0	0	0	13.3
7	0	0	1	0	1	0	0	13.2
8	0	0	1	0	0	0	1	13.0
9	0	1	0	1	0	0	0	13.0
10	0	0	1	0	0	1	0	12.8
11	0	1	0	0	1	0	0	12.5
12	1	0	0	0	0	1	0	13.3

6.3 例題の解法

ゴリー(4つの変数)からなるデータである．

次に平方和行列Aを求める(表6-6)．

表6-7は，平方和行列Aの右に単位行列をつけ，掃き出し計算により逆行列を求めたものである．

追加した単位行列の一番下の行に計数値が出てくるようになっている(符号は逆になる)．

対応する係数の値のところを太字で示す．この方法は，特性値Yをデータ行列と同じ行列に入れて同時に逆行列を求める方法であるので，本来の行列の場所には出てこないことに注意する．

逆行列を求める方法はいろいろな方法があるので，各自が，行いやすい方法を用いていただきたい．

以上により，

  $b_0 = 13.783$

  $b_{11} = -0.0$(とおいた)

表6-6 平方和行列A

	定数	変数-1	変数-2	変数-3	変数-4	変数-5	変数-6	変数-7	変数-8
定数	12	4	4	4	3	3	3	3	153.3
変数-1	4	4	0	0	1	1	1	1	52.5
変数-2	4	0	4	0	1	1	1	1	48.5
変数-3	4	0	0	4	1	1	1	1	52.3
変数-4	3	1	1	1	3	0	0	0	40.3
変数-5	3	1	1	1	0	3	0	0	39.2
変数-6	3	1	1	1	0	0	3	0	37.6
変数-7	3	1	1	1	0	0	0	3	36.2
変数-8	153.3	52.5	48.5	52.3	40.3	39.2	37.6	36.2	1965.75

第6章 アンケートの結果を解析したい(数量化理論Ⅰ類)

表6-7 平方和行列 A の逆行列

	定 数	変数-1	変数-2	変数-3	変数-4	変数-5	変数-6	変数-7
定 数	6.000	1.000	−0.667	−0.500	1.000	−0.750	−0.667	0.500
変数-1	−12.000	0.000	2.667	2.000	0.000	0.000	0.000	−1.000
変数-2	−3.000	−1.000	1.333	0.500	0.000	0.000	0.000	−0.250
変数-3	−3.000	−1.000	0.667	1.000	0.000	0.000	0.000	−0.250
変数-4	−12.000	0.000	0.000	0.000	0.000	2.250	2.000	−1.000
変数-5	−4.000	0.000	0.000	0.000	−1.000	1.500	0.667	−0.333
変数-6	−4.000	0.000	0.000	0.000	−1.000	0.750	1.333	−0.333
変数-7	−4.000	0.000	0.000	0.000	−1.000	0.750	0.667	−0.333
変数-8	−165.4	0.000	2.667	0.100	0.000	0.825	1.800	**−13.783**

	変数-8	変数-9	変数-10	変数-11	変数-12	変数-13	変数-14	変数-15
定 数	0.000	−0.250	−0.250	0.000	−0.333	−0.333	−0.333	0.000
変数-1	1.000	1.000	1.000	0.000	0.000	0.000	0.000	0.000
変数-2	0.000	0.500	0.250	0.000	0.000	0.000	0.000	0.000
変数-3	0.000	0.250	0.500	0.000	0.000	0.000	0.000	0.000
変数-4	0.000	0.000	0.000	1.000	1.000	1.000	1.000	0.000
変数-5	0.000	0.000	0.000	0.000	0.667	0.333	0.333	0.000
変数-6	0.000	0.000	0.000	0.000	0.333	0.667	0.333	0.000
変数-7	0.000	0.000	0.000	0.000	0.333	0.333	0.667	0.000
変数-8	**0.000**	**1.000**	**0.050**	**0.000**	**0.367**	**0.900**	**1.367**	**1.000**

$b_{12} = -1.0$

$b_{13} = -0.05$

$b_{21} = -0.0$(とおいた)

$b_{22} = -0.367$

$b_{23} = -0.960$

$b_{24} = -1.367$

6.3 例題の解法

表6-8 係数表

	係数	C_{ii}	$C_{ii} \cdot V_r$	$\sqrt{C_{ii} \cdot V_r}$	【t値】
定数項(β_0)	13.783	0.500	0.131	0.361	38.147
方法A	－0.000	1.000	0.261	0.511	－0.000
方法B	－1.000	0.500	0.131	0.361	－2.768
方法C	－0.050	0.500	0.131	0.361	－0.138
担当K	－0.000	1.000	0.261	0.511	－0.000
担当T	－0.367	0.667	0.174	0.417	－0.879
担当S	－0.900	0.667	0.174	0.417	－2.157
担当H	－1.367	0.667	0.174	0.417	－3.276

が求められる．これを表にしたものが表6-8である．この表において，係数の右側に各係数のt値を示す．

この係数(カテゴリースコア)を見てみる．

$b_{11} = 0.0,\ b_{12} = -1.0,\ b_{13} = -0.05$

これらのデータ個数は4個ずつで，同数であるので，

$\beta_1 = (0 - 1 - 0.05)/3 = -1.05/3 = -0.35$

となる．アイテム1の各カテゴリスコアからこの値を引くと，アイテム全体として0にできる．

したがって，補正した係数は，

$b'_{11} = 0.0 - (-0.35) = 0.35$

$b'_{12} = -1.0 - (-0.35) = -0.65$

$b'_{13} = -0.05 - (-0.35) = 0.30$

となる．同様に，アイテム2の各カテゴリスコアを補正してみる．

$\beta_2 = (-0.0 - 0.367 - 0.960 - 1.367)/4$

$= -2.694/4 = -0.6735$

第6章 アンケートの結果を解析したい（数量化理論Ⅰ類）

であるので，-0.6735を補正すると，

$$b'_{21} = -0.0 - (-0.6735) = 0.6735$$
$$b'_{22} = -0.367 - (-0.6735) = 0.3065$$
$$b'_{23} = -0.960 - (-0.6735) = -0.2865$$
$$b'_{24} = -1.367 - (-0.6735) = -0.6935$$

となる．

これらから，補正された定数項は，

$$b'_0 = 13.783 + (-0.35) + (-0.6735)$$
$$= 12.7595$$

である．これらの補正は必ずしも必要ではない．全体の平均に対してどちらに効いているかを一目でわかるように修正しただけである．

特性値が大きい方が望ましいとすれば，アイテム1の各カテゴリでは，b_{11}（方法A）がよく，b_{12}（方法B）がよくない．アイテム2の各カテゴリでは，b_{21}（担当K）がよく，b_{24}（担当H）がよくない．特性値が小さい方が望ましいときは反対になる．

また，アイテム1の各カテゴリスコアの（最大値−最小値）= 1.0 とアイテム2の各カテゴリスコア（最大値−最小値）= 1.367 を見ると，特性値に与える影響の大きさがわかる．

アイテム2の方の影響が大きい．この例題の所期の目的は，ばらつきを減らすことにあったことを思い出すと，アイテム2の担当者によって何が違っているかをさらに検討することで，解決の方策が見つかるであろう．

次に回帰式として採用することに意味があるかを検定する．この検定は分散分析表を用いてF検定を行う（表6-9）．使用ソフトは自動的に$\alpha = 0.05$で検定するようにしてあるが，使用するときの問題によって適切なα（第1種の危険率）を設定して解析を行う必要がある．

$F(7, 4 ; 0.20) = 2.47$ より，この回帰式のF値（表の中の"観測された分散比"の数値）は大きいので，今回の解析の結果を採用することにする（参考；$F(7, 4 ; 0.14) = 3.18$ でおよそ$\alpha = 0.14$のレベルであろう）．

表6-9 分散分析表

	平方和	自由度	分散	観測された分散比	有意 F
回　帰	5.775833	7	0.825	3.160	4.207
残　差	1.566667	4	0.261		
合　計	7.3425	11			

以上から，寄与率，重相関係数を求める（S_eは誤差平方和，S_{yy}は全平方和）．

$$R^2 = 1 - \frac{S_e}{S_{yy}} = 1 - \frac{1.567}{7.343} = 0.7866$$

$$R = \sqrt{0.7866} = 0.8869$$

表にすると，表6-10のようになる．標準誤差は，分散分析の誤差分散の平方根で求められる．

$$\hat{\sigma}_e = \sqrt{0.261111} = 0.51099$$

最後に，各サンプルごとの推定値と残差を表6-11に示す．この残差による分析は重回帰分析のときと同様であるので，ここでは，省略する．参考のために，各変数間の単相関行列を表6-12に示す．

表6-10 解析結果表（回帰統計）

重相関係数 R	0.8869
寄与率 R^2	0.7866
標準偏差	0.51099
観測数	12

第6章 アンケートの結果を解析したい(数量化理論Ⅰ類)

表6-11 各サンプルの推定値と残差の表

カテゴリー	実測値	推定値	残差	規準化残差
1	11.7	12.417	−0.717	−1.403
2	14.0	13.783	0.217	0.424
3	11.5	11.883	−0.383	−0.750
4	13.5	13.417	0.083	0.163
5	11.5	11.417	0.083	0.163
6	13.3	13.733	−0.433	−0.848
7	13.2	13.367	−0.167	−0.326
8	13.0	12.367	0.633	1.239
9	13.0	12.783	0.217	0.424
10	12.8	12.833	−0.033	−0.065
11	12.5	12.417	0.083	0.163
12	13.3	12.883	0.417	0.815

表6-12 各変数間の単相関行列

相関係数	変数−1 A	変数−2 B	変数−3 C	変数−4 K	変数−5 T	変数−6 S	変数−7 H	変数−8
変数−1	1.000							
変数−2	−0.500	1.000						
変数−3	−0.500	−0.500	1.000					
変数−4	−0.000	−0.000	−0.000	1.000				
変数−5	−0.000	−0.000	−0.000	−0.333	1.000			
変数−6	0.000	0.000	−0.000	−0.333	−0.333	1.000		
変数−7	−0.000	−0.000	−0.000	−0.333	−0.333	−0.333	1.000	
変数−8	0.316	−0.588	0.271	0.486	0.215	−0.178	−0.523	1.000

6.4 解析の方法

superMA分析ツールを用いて行う方法を説明する.

手順-1 解析対象データを集める.

加工方法や加工担当者は表6-13のように具体的な方法や氏名ではなく,適当に1から数字を割り当てる.ただし,この数字は連続してつける必要がある.例えば,加工担当者が4名のとき,1,2,4,5とつけないこと.このように途中の3を飛ばすと,解析段階で異常終了する(0で割る現象が発生するため).

手順-2 superMA分析を起動し,"元データ"シートに解析対象データを入力する.

手順-3 解析対象データを展開する.

表6-13 例題;加工方法と加工担当者と製品精度(特性値)の関係

サンプル番号	変数-1 加工方法	変数-2 加工担当者	変数-3 特性値
1	1	4	11.7
2	1	1	14.0
3	2	3	11.5
4	1	2	13.5
5	2	4	11.5
6	3	1	13.3
7	3	2	13.2
8	3	4	13.0
9	2	1	13.0
10	3	3	12.8
11	2	2	12.5
12	1	3	13.3

第6章　アンケートの結果を解析したい(数量化理論Ⅰ類)

表6-14　例題；加工方法と加工担当者と製品精度(特性値)の関係

データ No.	変数-1 加工方法A	変数-2 加工方法B	変数-3 加工方法C	変数-4 担当者K	変数-5 担当者T	変数-6 担当者S	変数-7 担当者H	変数-8 (特性値)
1	1	0	0	0	0	0	1	11.7
2	1	0	0	1	0	0	0	14.0
3	0	1	0	0	0	1	0	11.5
4	1	0	0	0	1	0	0	13.5
5	0	1	0	0	0	0	1	11.5
6	0	0	1	1	0	0	0	13.3
7	0	0	1	0	1	0	0	13.2
8	0	0	1	0	0	0	1	13.0
9	0	1	0	1	0	0	0	13.0
10	0	0	1	0	0	1	0	12.8
11	0	1	0	0	1	0	0	12.5
12	1	0	0	0	0	1	0	13.3

　表6-14のように，各変数のデータの種類数だけ変数を増やし，対応する変数欄に"1"を入力する．それ以外には"0"を入力する．

手順-4　解析変数を指定する．

　各アイテムに変数を一つずつ指定しない(層別単回帰分析で説明したのと同じ理由)．この例の場合は，変数2，3，5，6，7のあと，99を入力する．

手順-5　特性値を指定する．

　変数-8を指定する．"解析対象・基本統計量"に自動的に移動する．

手順-6　「superMA分析計算開始」ボタンをクリックする．

＜解析結果と結果の見方＞

　表6-15のように全体的な評価として，重相関係数$R = 0.8869$，寄与率$R^2 = 0.7866$で，製品の精度は今回取り上げた加工方法と加工担当者の2つの要

表6-15　回帰統計

重相関係数 R	0.8869
寄与率 R^2	0.7866
標準誤差	0.511
観測数	12

因でデータの動きの約80％を説明できることが判明した．

統計的な検定結果も，観測分散比 F 値 = 4.424 ＞検定基準 F 値 = 4.387 で有意である．この分散分析表が表6-16である（"解析結果"シートに表示されている）．

それでは，どの組合せが製品の精度に良いか調べてみる．それが表6-17である．製品の精度は指数化してあり，大きい方が精度がよいものとするという条件であった．

この表には，指定しなかった加工方法のAと，加工担当者のKさんは出てこない．この表の偏回帰係数は，加工方法のAの効果を仮に0とした場合のそれぞれの効果が表示されている．

例えば，加工方法のBは偏回帰係数 = -1.000 であるということは，加工方法のAに比べて，指数化した製品の精度が1.0悪いことを示している．また，加工担当者のSさんは加工担当者のKさんに対し，偏回帰係数 = -0.900であるので，指数化した製品の精度が0.9悪いことを示している．

表6-16　分散分析表

	平方和	自由度	分散	観測分散比	有意 F
回　帰	5.776	5	1.155	4.424	4.387
残　差	1.567	6	0.261		
合　計	7.342	11			

第6章　アンケートの結果を解析したい（数量化理論Ⅰ類）

表6-17　変数ごとの偏回帰係数とt値

	変数名	偏回帰係数	t値
切片	定数	13.783	38.147
変数1	加工方法B	－1.000	－2.768
変数2	加工方法C	－0.050	－0.138
変数3	担当者T	－0.367	－0.879
変数4	担当者S	－0.900	－2.157
変数5	担当者H	－1.367	－3.276

したがって，結果的にはすべての偏回帰係数が負（マイナス）であったので，指定から外した加工方法のAと加工担当者のKさんの製品の精度が一番よいことが判明した．

その組合せの予測値は，

$$\begin{aligned} y(製品の精度) &= b_0 + b_{12}x_{12} + b_{13}x_{13} + b_{22}x_{22} + b_{23}x_{23} + b_{24}x_{24} \\ &= 13.783 - 1.000x_{12} - 0.050x_{13} - 0.367x_{22} - 0.900x_{23} \\ &\quad - 1.367x_{24} \\ &= 13.783 - 1.000 \times 0 - 0.050 \times 0 - 0.367 \times 0 - 0.900 \times 0 \\ &\quad - 1.367 \times 0 \\ &= 13.783 - 0 - 0 - 0 - 0 - 0 \\ &= 13.783 \end{aligned}$$

であることがわかる．

次に今回用いたデータに異常がないか調べてみる．表6-18に，実測値，推定値および残差を示す．

規準化残差を見ても，最大が－1.40で問題はないことがわかる．

この規準化残差を図6-1に示す．これは，データNo.順に何か傾向がないかを見るためのものである．

これによると，規準化残差が徐々に負から正に上昇する傾向があり，何かほか

表6-18 データの吟味(実測値,推定値と残差)

データNo.	実測値	推定値	残差	規準化残差
1	11.70	12.42	−0.72	−1.40
2	14.00	13.78	0.22	0.42
3	11.50	11.88	−0.38	−0.75
4	13.50	13.42	0.08	0.16
5	11.50	11.42	0.08	0.16
6	13.30	13.73	−0.43	−0.85
7	13.20	13.37	−0.17	−0.33
8	13.00	12.37	0.63	1.24
9	13.00	12.78	0.22	0.42
10	12.80	12.83	−0.03	−0.07
11	12.50	12.42	0.08	0.16
12	13.30	12.88	0.42	0.82

注) 規準化残差は残差を標準偏差で割ったもので,正規分布の何 σ(シグマ)に相当する値を用いて,このデータの発生する確率を求めることができる.何 σ の値が大きくなるほど,非常にまれな事象のデータであることを示す.ちなみに,2σ の事象の発生する確率は 2.28% で,3σ の事象の発生する確率は 0.13% である.3σ の事象は 1/0.0013 = 769.2 であるので,通常であれば 約770 回に1回しか現れないデータであることを示す.今回は12個のデータであるので,3σ のデータが出れば何かほかの影響があるデータであるということが予想される.

の要因の影響があると思われる.これが,寄与率の残りの20%かもしれない.

最後に,推定値がある特定の値で異常となっていないかを調べるために,縦軸に推定値をとり,横軸に実測値をとった図を作成した(図6-2).

実測値の小さなところで,少し推定値が大きめに出るようであるが,異常といえるほどではなく,おおむね良い解析結果と考えられる.

これらの回帰式も $y = 0.992x$ で,ほとんど $y = x$ と見てよいので問題はない.

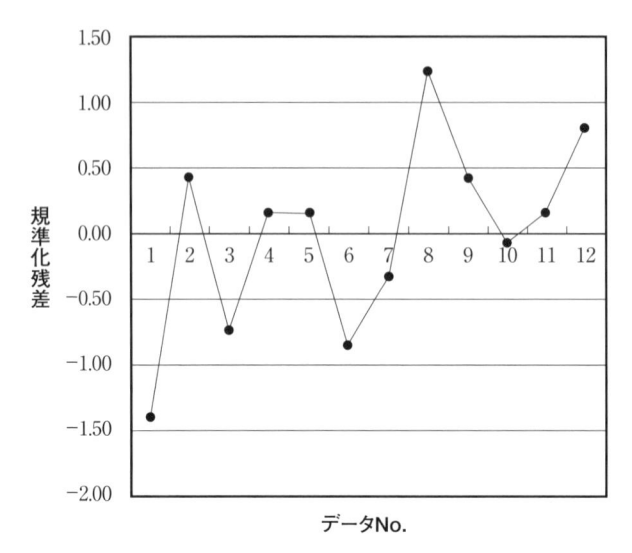

第6章　アンケートの結果を解析したい（数量化理論Ⅰ類）

図6-1　データNo.順ごとの規準化残差の時系列グラフ

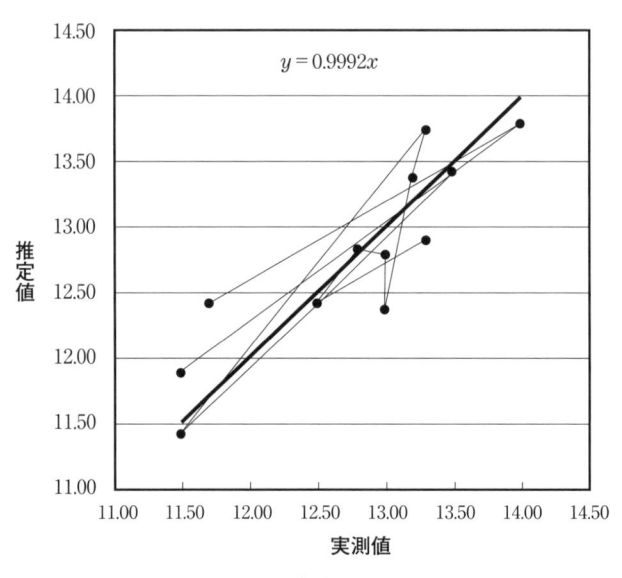

図6-2　推定値と実測値

$y = 0.9992x$

6.5 カテゴリー分けの方法

前述のようなカテゴリカルなデータ解析には，superMA分析ツールは非常に役に立つ．しかし，解析がうまくいくか否かの成否を分けるのは，各変数のカテゴリー分けの方法である．原料納入メーカとしてA，B，Cの3社があるとする．特性値Yに対する原料の影響と原料納入メーカの影響を知ろうとすると，変数として原料納入メーカを取り上げ，A社を1，B社を2，C社を3として解析するが，原料の製造方法がA，B社が同じでC社は別の方法であるかもしれない．この製造方法が原因であるときには，A社を1，B社を1，C社を2として解析するのがよいことがわかる．

このように，もともと分類するものが少ないときは，最初はカテゴリーの数を3として解析し，結果を見て2種類であることがわかった時点で整理し直せばよい．しかし，一般的にはデータを集めた段階ではいくつに分類すればよいかがわからないことの方が多い．何の情報もないときは仕方ないが，可能な限り補助情報を集めることが必要である．

前述の例であるように，製造方法，原料の輸入先，部品の調達先，使用している機械の型やメーカ名，ロット番号，製造月日，前処理方法，後処理方法，製造担当者，曜日，天候等，何でもよいから情報を集めておくのである．カテゴリー化するときに困れば，これらの補助情報を参考にするとよい．重要なのは，どの補助情報をもとに分類したのかである．その結果，そのカテゴリー間で差が出れば，参考にした補助情報が何らかの意味をもっているということを示している．後は，過去の経験や固有技術にもとづいた解釈をしていくことが必要である．

最も悪いカテゴリー化は，集めたデータ数が50のときに50カテゴリー化，すなわち，1つのカテゴリーに1個しかデータが入らないような分類しかできないときである．このような場合は，欲しい情報に対するデータ数が不足しており，解析ができない．したがって，1つ以上のカテゴリーに2個以上のデータが入るような分類が必要である．

第6章　アンケートの結果を解析したい(数量化理論Ⅰ類)

6.6　解析の中でのカテゴリー化の手順

以下に解析の途中でエクセルを使用してカテゴリー化を行う方法を説明する．

手順−1　データを準備する．

データ番号	部品A	担当者	添加剤	特性値
1	S社納入分	田中	SLC	23
2	S社納入分	田中	SLC	12
3	S社納入分	田中	SLC	20
4	S社納入分	田中	SLY	20
5	S社納入分	日置	SLC	15
6	S社納入分	岡本	SLY	23
7	S社納入分	日置	SLC	34
8	S社納入分	日置	SLC	21
9	T社納入分	日置	SLC	14
10	T社納入分	岡本	SLC	9
11	S社納入分	日置	SLY	30
12	T社納入分	日置	SLY	27
13	T社納入分	田中	SLY	16
14	T社納入分	日置	SLY	15
15	T社納入分	田中	SLC	25
16	T社納入分	田中	SLC	18

6.6 解析の中でのカテゴリー化の手順

手順-2　部品Aで並べ替え

データ番号	部品A	担当者	添加剤	特性値
1	S社納入分	田中	SLC	23
2	S社納入分	田中	SLC	12
3	S社納入分	田中	SLC	20
4	S社納入分	田中	SLY	20
5	S社納入分	日置	SLC	15
6	S社納入分	岡本	SLY	23
7	S社納入分	日置	SLC	34
8	S社納入分	日置	SLC	21
11	S社納入分	日置	SLY	30
9	T社納入分	日置	SLC	14
10	T社納入分	岡本	SLC	9
12	T社納入分	日置	SLY	27
13	T社納入分	田中	SLY	16
14	T社納入分	日置	SLY	15
15	T社納入分	田中	SLC	25
16	T社納入分	田中	SLC	18

第6章 アンケートの結果を解析したい（数量化理論Ⅰ類）

手順－3 部品Aの右横に1列挿入し，上から同じ種類のものに1から順に番号をつける．

データ番号	部品A	部品A	担当者	添加剤	特性値
1	S社納入分	1	田中	SLC	23
2	S社納入分	1	田中	SLC	12
3	S社納入分	1	田中	SLC	20
4	S社納入分	1	田中	SLY	20
5	S社納入分	1	日置	SLC	15
6	S社納入分	1	岡本	SLY	23
7	S社納入分	1	日置	SLC	34
8	S社納入分	1	日置	SLC	21
11	S社納入分	1	日置	SLY	30
9	T社納入分	2	日置	SLC	14
10	T社納入分	2	岡本	SLC	9
12	T社納入分	2	日置	SLY	27
13	T社納入分	2	田中	SLY	16
14	T社納入分	2	日置	SLY	15
15	T社納入分	2	田中	SLC	25
16	T社納入分	2	田中	SLC	18

6.6 解析の中でのカテゴリー化の手順

手順-4 手順-2と同様に，次は担当者を並べ替える．

データ番号	部品A	部品A	担当者	添加剤	特性値
6	S社納入分	1	岡本	SLY	23
10	T社納入分	2	岡本	SLC	9
1	S社納入分	1	田中	SLC	23
2	S社納入分	1	田中	SLC	12
3	S社納入分	1	田中	SLC	20
4	S社納入分	1	田中	SLY	20
13	T社納入分	2	田中	SLY	16
15	T社納入分	2	田中	SLC	25
16	T社納入分	2	田中	SLC	18
5	S社納入分	1	日置	SLC	15
7	S社納入分	1	日置	SLC	34
8	S社納入分	1	日置	SLC	21
11	S社納入分	1	日置	SLY	30
9	T社納入分	2	日置	SLC	14
12	T社納入分	2	日置	SLY	27
14	T社納入分	2	日置	SLY	15

第6章 アンケートの結果を解析したい(数量化理論Ⅰ類)

手順-5 担当者の右横に1列挿入し,上から同じ種類ごとに1から順に番号をつける.

データ番号	部品A	部品A	担当者	担当者	添加剤	特性値
6	S社納入分	1	岡本	1	SLY	23
10	T社納入分	2	岡本	1	SLC	9
1	S社納入分	1	田中	2	SLC	23
2	S社納入分	1	田中	2	SLC	12
3	S社納入分	1	田中	2	SLC	20
4	S社納入分	1	田中	2	SLY	20
13	T社納入分	2	田中	2	SLY	16
15	T社納入分	2	田中	2	SLC	25
16	T社納入分	2	田中	2	SLC	18
5	S社納入分	1	日置	3	SLC	15
7	S社納入分	1	日置	3	SLC	34
8	S社納入分	1	日置	3	SLC	21
11	S社納入分	1	日置	3	SLY	30
9	T社納入分	2	日置	3	SLC	14
12	T社納入分	2	日置	3	SLY	27
14	T社納入分	2	日置	3	SLY	15

6.6 解析の中でのカテゴリー化の手順

手順-6 手順-2, 4と同様に, 次は添加剤を並べ替える.

データ番号	部品A	部品A	担当者	担当者	添加剤	特性値
10	T社納入分	2	岡本	1	SLC	9
1	S社納入分	1	田中	2	SLC	23
2	S社納入分	1	田中	2	SLC	12
3	S社納入分	1	田中	2	SLC	20
15	T社納入分	2	田中	2	SLC	25
16	T社納入分	2	田中	2	SLC	18
5	S社納入分	1	日置	3	SLC	15
7	S社納入分	1	日置	3	SLC	34
8	S社納入分	1	日置	3	SLC	21
9	T社納入分	2	日置	3	SLC	14
6	S社納入分	1	岡本	1	SLY	23
4	S社納入分	1	田中	2	SLY	20
13	T社納入分	2	田中	2	SLY	16
11	S社納入分	1	日置	3	SLY	30
12	T社納入分	2	日置	3	SLY	27
14	T社納入分	2	日置	3	SLY	15

第6章　アンケートの結果を解析したい（数量化理論Ⅰ類）

手順-7　添加剤の右横に1列挿入し，上から同じ種類ごとに1から順に番号をつける．

データ番号	部品A	部品A	担当者	担当者	添加剤	添加剤	特性値
10	T社納入分	2	岡本	1	SLC	1	9
1	S社納入分	1	田中	2	SLC	1	23
2	S社納入分	1	田中	2	SLC	1	12
3	S社納入分	1	田中	2	SLC	1	20
15	T社納入分	2	田中	2	SLC	1	25
16	T社納入分	2	田中	2	SLC	1	18
5	S社納入分	1	日置	3	SLC	1	15
7	S社納入分	1	日置	3	SLC	1	34
8	S社納入分	1	日置	3	SLC	1	21
9	T社納入分	2	日置	3	SLC	1	14
6	S社納入分	1	岡本	1	SLY	2	23
4	S社納入分	1	田中	2	SLY	2	20
13	T社納入分	2	田中	2	SLY	2	16
11	S社納入分	1	日置	3	SLY	2	30
12	T社納入分	2	日置	3	SLY	2	27
14	T社納入分	2	日置	3	SLY	2	15

6.6 解析の中でのカテゴリー化の手順

手順−8 数字の分だけを抜き出す．これが解析用のデータとなる．

データ番号	部品A	担当者	添加剤	特性値
10	2	1	1	9
1	1	2	1	23
2	1	2	1	12
3	1	2	1	20
15	2	2	1	25
16	2	2	1	18
5	1	3	1	15
7	1	3	1	34
8	1	3	1	21
9	2	3	1	14
6	1	1	2	23
4	1	2	2	20
13	2	2	2	16
11	1	3	2	30
12	2	3	2	27
14	2	3	2	15

第6章 アンケートの結果を解析したい(数量化理論Ⅰ類)

手順-9 データ番号で並べ替えると,もとの順番になる.

データ番号	部品A	担当者	添加剤	特性値
1	1	2	1	23
2	1	2	1	12
3	1	2	1	20
4	1	2	2	20
5	1	3	1	15
6	1	1	2	23
7	1	3	1	34
8	1	3	1	21
9	2	3	1	14
10	2	1	1	9
11	1	3	2	30
12	2	3	2	27
13	2	2	2	16
14	2	3	2	15
15	2	2	1	25
16	2	2	1	18

6.6 解析の中でのカテゴリー化の手順

手順-10 superMAのデータを作成する.

部品Aが2カテゴリーなので2変数,担当者が3カテゴリーで3変数,添加剤が2カテゴリーで2変数,特性値が1変数で,合計8変数のデータシートを作成する.

データ番号	変数-1 部品A S社	変数-2 部品A T社	変数-3 担当者 岡本	変数-4 担当者 田中	変数-5 担当者 日置	変数-6 添加剤 SLC	変数-7 添加剤 SLY	変数-8 特性値
1	1	0	0	1	0	1	0	23
2	1	0	0	1	0	1	0	12
3	1	0	0	1	0	1	0	20
4	1	0	0	1	0	0	1	20
5	1	0	0	0	1	1	0	15
6	1	0	1	0	0	0	1	23
7	1	0	0	0	1	1	0	34
8	1	0	0	0	1	1	0	21
9	0	1	0	0	1	1	0	14
10	0	1	1	0	0	1	0	9
11	1	0	0	0	1	0	1	30
12	0	1	0	0	1	0	1	27
13	0	1	0	1	0	0	1	16
14	0	1	0	0	1	0	1	15
15	0	1	0	1	0	1	0	25
16	0	1	0	1	0	1	0	18

第 7 章 不良率の解析をしたい(ロジスティック回帰分析)
―収率がばらついているが,その原因は?
―解析した結果を用いて予測すると不良率がマイナスになったが,その原因は?

7.1 ロジスティック回帰分析とは

前章で説明したように,生産現場では,必ずといってよいほど良・不良(適合・不適合)のような2値データが氾濫している.これらのデータは二項分布$B(n, p)$に従う.このため,よく用いられる重回帰分析は適用できない.とくにp(不良率,不適合率)が0に近い値や1に近い値のときは,正規分布から大きくずれるため,そのままの状態で解析を行うと誤った結論が出てくることになる.一番わかりやすい例としては,pの推定値が負(マイナス)になる現象である.このようなことが解析結果で発生すると,解析結果は信用してもらえなくなる.

このようなことが起こらないように,

$$g(\mu) = \log_e [p/(1-p)]$$

なるロジット関数を用いた変換を行う.この関数の目的は,$0 < p < 1$を$-\infty < g(\mu) < \infty$に変換することである.もう1つの目的は,0や1に近いpは0や1が壁になって左右対称にならないが,この変換によって解析の間はこの歪みを修整してくれる.

観測されたpをロジット変換したものを,新しいy_iと考え,通常の回帰分析を行う.

解析計算および推定はすべてこの状態で行う.最後に,

$$p = \frac{\exp(y_i)}{1 + \exp(y_i)}$$

なる逆変換(逆連結関数)を行い,もとの単位に戻す.

第7章 不良率の解析をしたい（ロジスティック回帰分析）

図7-1は，サンプルを20個採取したときにそれぞれいくつ不良品が含まれているかを300回ずつシミュレーションしたもので，左側はp（不良率，不適合率）が30％で，右側はpが5％の結果である．

左の図はほぼ左右対称で，正規分布として解析してもよいが，右の図は$p=0$の縦軸にくっついており，左右対称ではない．このまま解析を実行すると，$p=0$の縦軸の左側にもデータが存在するという条件で計算されてしまう．

このため，解析結果でpに負の推定値が発生してしまう．

しかし，ここで先ほどのロジット変換をして，変換後の横軸で表すと，見かけ上は左の図の形に変化させることができる．

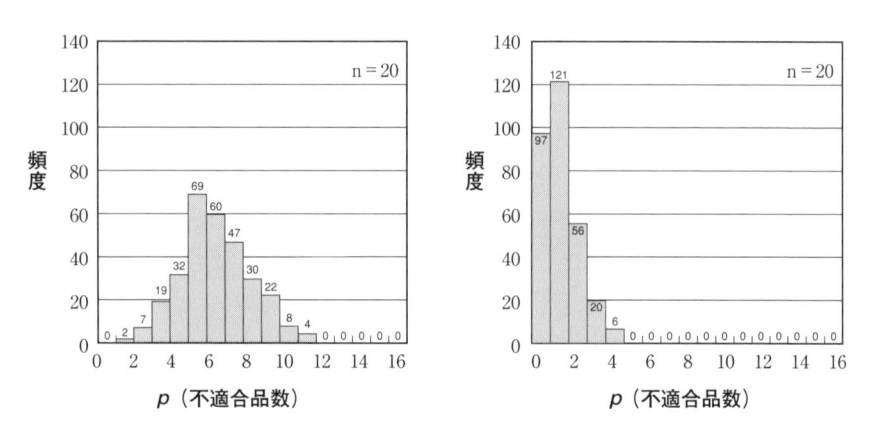

図7-1　不適合率の値によるヒストグラム

7.2 解析の理論

例題と解法　K社ではガラス製品を作っている．しかし，慢性的に不適合品が発生している．品質向上とコストダウンの観点から，この不適合品発生を減少させることに取り組むことになった．そこで，いままでの生産記録から，どのようなときに不適合品発生率が高くなるのかを調査することにした．

まず直近の12カ月の月間のガラスの不適合率を調べて表にした．次に，不適合品発生と関連のありそうな要因を3つ取り上げ，同時に調査した．これが表7-1である．ここでは，ガラスの不適合率と加工圧力，添加剤の量，温度との関係をロジスティック回帰分析を用いて解析した．

次に，前述した理由によりこのままでは解析できないので，解析にあたり目的変数をロジット変換したものが表7-2である（専用のソフトを用いれば，自

表7-1　データ表

データNo.	変数-1 加工圧力	変数-2 添加剤の量	変数-3 温度	変数-4 ガラスの不適合率
1	3.00	24	230	0.09027
2	3.10	17	150	0.05983
3	2.85	22	160	0.05274
4	2.75	21	110	0.04435
5	2.70	20	90	0.03365
6	2.45	17	60	0.02420
7	2.65	21	130	0.04724
8	2.40	26	160	0.06413
9	2.00	22	20	0.01993
10	2.65	21	130	0.05256
11	1.95	19	160	0.05837
12	1.50	23	150	0.06040

第7章 不良率の解析をしたい(ロジスティック回帰分析)

動で変換する).

p(不適合率)は通常 $0 < p < 1$ であるので,ロジット変換すると表7-2のように,負の値になる.

この解析は原因を探すものではなく,特定の現象を探し出すためのものである.解析の後で,特定された現象がどのような理由から起こるのかを固有技術も含めて検討することが必要である.

解析結果の t 値から,表7-3のように変数3の温度が影響していることがわかる.符号が正なので,温度は低い方がよいことがわかる.変数1と2の t 値は1以下で,あまり影響していないようである.

表7-2 目的変数をロジット変換したもの

データNo.	目的変数（log）ガラスの不適合率	変数-1 加工圧力	変数-2 添加剤の量	変数-3 温度
1	-2.3103	3.00	24	230
2	-2.7546	3.10	17	150
3	-2.8882	2.85	22	160
4	-3.0703	2.75	21	110
5	-3.3575	2.70	20	90
6	-3.6969	2.45	17	60
7	-3.0041	2.65	21	130
8	-2.6806	2.40	26	160
9	-3.8954	2.00	22	20
10	-2.8918	2.65	21	130
11	-2.7808	1.95	19	160
12	-2.7445	1.50	23	150

表7-3　ロジスティック回帰分析の結果(回帰係数とt値)

	変数名	偏回帰係数	t値
切片	定数	−4.025	−11.532
変数1	加工圧力	−0.038	−0.523
変数2	添加剤の量	0.003	0.249
変数3	温度	0.008	11.999

表7-4　ロジスティック回帰分析の結果(分散分析表)

	平方和	自由度	分散	観測分散比	有意F
回　帰	2.108	3	0.703	64.755	4.066
残　差	0.087	8	0.011		($\alpha = 0.05$)
合　計	2.195	11			

　寄与率と重相関係数は表7-5のとおりである．重相関係数は0.98で高度に有意である．

　実測値と推定値より，表7-6のように残差を求めた．ロジット変換を行わないで解析を行うと，この推定値が負(マイナス)になることがある．特に，不適合率が小さくて0に近いときに発生する．

　推定値と実測値を図7-2に示す．

表7-5　ロジスティック回帰分析の結果(回帰統計：寄与率と重相関係数)

重相関係数 R	0.9800
寄与率 R^2	0.9604
標準偏差	0.1042
観測数	12

第7章 不良率の解析をしたい（ロジスティック回帰分析）

表7-6 残差表

データNo.	Y_i 実測値	$\hat{Y}_i$ 推定値	ε_i 残差
1	0.090	0.100	−0.009
2	0.060	0.053	0.006
3	0.053	0.059	−0.006
4	0.044	0.040	0.004
5	0.034	0.034	−0.001
6	0.024	0.027	−0.003
7	0.047	0.047	0.000
8	0.064	0.061	0.003
9	0.020	0.021	−0.001
10	0.053	0.047	0.005
11	0.058	0.060	−0.002
12	0.060	0.058	0.003

　これは，$y=x$の45°の線上にあれば，解析結果が異常でないことを示している．特に，これらの点が$y=x$に対し，曲線になっていないか，ばらつきの大きさが全体的に均一か，などをチェックするのが目的である．このようなことが見られる場合は，解析モデルが適当でないことを示しているので，モデルの検討が必要である．比較のため，ロジット変換をしないで重回帰分析を行った場合の結果を表7-7に示す．

　偏回帰係数はロジット変換をしていないので，当然大きく違っているが，t値の順番が変数3, 2, 1の順番になっている．ロジスティック回帰分析では，変数3, 1, 2の順番であった．また，定数のt値も小さな値になっている．このt値が違うこと，すなわち，検出する結果が違うということは解析において大きな問題である．

　表7-8のように寄与率と重相関係数は少し小さくなるが，あまり差はない

7.2 解析の理論

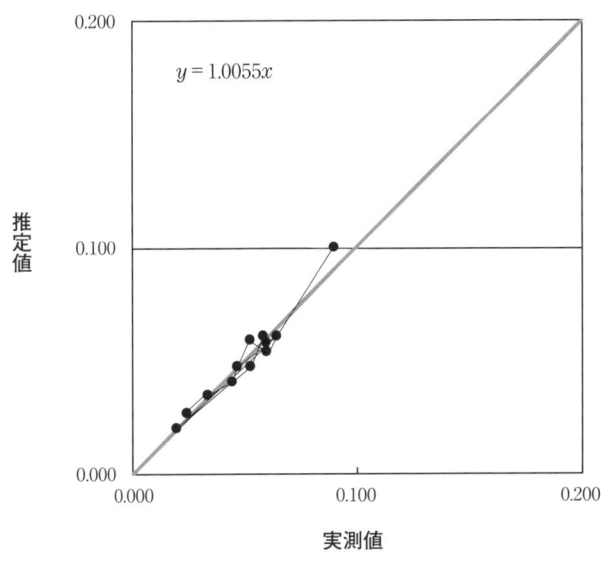

$y = 1.0055x$

推定値 / 実測値

図7-2 実測値と推定値

表7-7 重回帰分析の結果（回帰係数とt値）

	変数名	係数	t値
切片	定数	−0.0035	−0.2263
変数1	加工圧力	−0.0009	−0.2806
変数2	添加剤の量	0.0006	1.0760
変数3	温度	0.0003	11.0506

（目的変数の値がさらに0に近くなると大きな差が出てくる）．

表7-9の残差表においても，大きな差は出ていない．このレベルの目的変数の値であれば，重回帰分析とさほど差はない．

一般的に，n p＞5，すなわち，不適合品の数が5以上であれば正規分布に近似できるので，通常の解析ができるといわれている．ロジット変換が必要な

第7章 不良率の解析をしたい(ロジスティック回帰分析)

表7-8 重回帰分析の結果(回帰統計：寄与率と重相関係数)

重相関係数 R	0.9781
寄与率 R^2	0.9567
標準偏差	0.00464
観測数	12

表7-9 残差表

データ No.	Y_i 実測値	$\hat{Y}_i$ 推定値	ε_i 残差
1	0.0903	0.0855	0.0048
2	0.0598	0.0544	0.0055
3	0.0527	0.0611	−0.0084
4	0.0444	0.0440	0.0003
5	0.0337	0.0368	−0.0031
6	0.0242	0.0251	−0.0009
7	0.0472	0.0507	−0.0035
8	0.0641	0.0641	0.0000
9	0.0199	0.0155	0.0044
10	0.0526	0.0507	0.0018
11	0.0584	0.0600	−0.0016
12	0.0604	0.0597	0.0007

のは，n $p<5$ のときである．n（採取したサンプルの数）が不明のときは$p<$ 0.05 のときロジット変換をしておけば問題ないであろう．

しかし，平均不適合品率が 0.03 であっても，最小 0 から最大 30 ％といったように大きく値がばらつくときは，グラフ化するなどして形を確認することが必要である．

7.3 superMA分析による解析の方法

superMA分析ツールを用いて行う方法で説明する．

手順-1 データを"元データ"シートに入れる．（表7-10）

手順-2 変数-4を次のロジット変換を行い変数-5に格納する．

$$（変数-5) = \log_e [（変数-4)/(1-（変数-4))]$$

エクセルでの変換法は以下のとおり．

① 変数-5のデータNo.1のセルにカーソルをおく．

② 変換式を書く．データNo.＝1の場合は"＝LN(E4/(1-E4))"と入力し，「Enter」キーを押す．

③ データNo.＝2以降は，このセルをコピーすれば自動的に計算してくれる．

表7-10 データ表（再掲）

データNo.	変数-1 加工圧力	変数-2 添加剤の量	変数-3 温度	変数-4 ガラスの不適合率
1	3.00	24	230	0.09027
2	3.10	17	150	0.05983
3	2.85	22	160	0.05274
4	2.75	21	110	0.04435
5	2.70	20	90	0.03365
6	2.45	17	60	0.02420
7	2.65	21	130	0.04724
8	2.40	26	160	0.06413
9	2.00	22	20	0.01993
10	2.65	21	130	0.05256
11	1.95	19	160	0.05837
12	1.50	23	150	0.06040

第7章 不良率の解析をしたい（ロジスティック回帰分析）

手順-3 「解析変数の指定」ボタンをクリックする．

1⇒2⇒3⇒99⇒5 と入力する．

注）選択したデータがよくないと警告が出るが，そのまま次に進んでもよい．

ケース1：変数X同士の相関が高い場合（多重共線性の項参照）．

ケース2：変数Xと特性値Yの相関が0に近い場合．

手順-4 「superMA分析計算開始」ボタンをクリックする．

"解析対象データ"シートに移動する（表7-11）．

手順-5 "計算が終了しました．結果を確認してください"と表示されるので，「OK」ボタンをクリックする．

表7-11 目的変数をロジット変換したもの

データNo.	目的変数 ガラスの不適合率 （ロジット変換後）	変数-1 加工圧力	変数-2 添加剤の量	変数-3 温度
1	-2.3103	3.00	24	230
2	-2.7546	3.10	17	150
3	-2.8882	2.85	22	160
4	-3.0703	2.75	21	110
5	-3.3575	2.70	20	90
6	-3.6969	2.45	17	60
7	-3.0041	2.65	21	130
8	-2.6806	2.40	26	160
9	-3.8954	2.00	22	20
10	-2.8918	2.65	21	130
11	-2.7808	1.95	19	160
12	-2.7445	1.50	23	150

7.3 superMA 分析による解析の方法

手順-6 結果を確認する．(表 7-12 ～表 7-14)

表 7-12 回帰統計

重相関係数 R	0.9800
寄与率 R^2	0.9604
標準偏差	0.1042
観測数	12

表 7-13 分散分析表

	平方和	自由度	分散	観測分散比	有意 F
回 帰	2.108	3	0.703	64.755	4.066
残 差	0.087	8	0.011		
合 計	2.195	11			

表 7-14 回帰係数と t 値

	変数名	偏回帰係数	t 値
切片	定数	-4.025	-11.532
変数 1	加工圧力	-0.038	-0.523
変数 2	添加剤の量	0.003	0.249
変数 3	温度	0.008	11.999

第8章　原因と結果の関係が直線でないときには（曲線回帰分析）

―関係が直線ではないときにはどうすればよいか
―曲線関係のいろいろ
―固有技術との関係

8.1　適用場面の例

【例題】　あるセラミックを炉で焼成している．このセラミックの重要特性は表面強度である．そこで焼成温度(X)をいろいろ変化させ，表面強度(Y)を測定した．このデータはプライベートデータであるので，単位を変更し，指数化してある．データの一部を表8-1に示す．

N = 100個のデータを"元データ表"シートに代入し，単回帰分析を行った．以下がその結果である．表8-2の回帰統計を見ると，重相関係数 R = 0.6980 であったので，かなり良い結果である．表8-3の分散分析表も観測分散比 = 93.111で残差に比べ回帰は大きな分散をもっていることが確認できた．表8-4のように t 値も同様である．得られた回帰式は次のとおりである．

$$Y = 23.534 + 0.7562X$$

しかし，念のために散布図を描いてみると図8-1のようになった．

数値だけ見た段階では十分な結果であると考えたが，散布図により，直線的な変化ではなく曲線的な動きをしていることがわかる．そこで，Xの2乗の項も入れて解析することにした．この場合，曲線を解析できるソフトが必要となるが，手元にないときはどのようにすればよいだろうか．

このようなケースでも，superMA分析ツールが有効となる．次節にsuperMA分析ツールを用いて行う手順を説明する．

第8章 原因と結果の関係が直線でないときには（曲線回帰分析）

表8-1 データ表

No.	X	Y	No.	X	Y	No.	X	Y	No.	X	Y	No.	X	Y
1	48.4	72.8	21	37.3	57.1	41	57.2	76.3	61	35.5	55.8	81	39.8	59.3
2	45.9	67.0	22	68.7	73.0	42	57.0	77.0	62	58.0	79.8	82	79.4	71.1
3	42.5	71.4	23	38.6	55.4	43	34.3	54.0	63	37.3	53.0	83	15.0	4.8
4	31.3	48.8	24	44.8	63.8	44	92.4	54.0	64	41.5	54.4	84	59.7	80.5
5	56.7	73.4	25	76.8	83.4	45	65.4	82.9	65	29.9	46.5	85	17.9	14.5
6	54.2	77.4	26	75.2	75.5	46	19.0	7.1	66	33.1	53.5	86	85.0	68.4
⋮	⋮	⋮	⋮	⋮	⋮	⋮	⋮	⋮	⋮	⋮	⋮	⋮	⋮	⋮
18	60.9	78.0	38	41.1	57.0	58	56.6	70.2	78	74.9	82.0	98	63.6	78.7
19	53.4	68.7	39	34.2	46.2	59	44.8	72.8	79	32.5	44.4	99	65.0	79.4
20	77.4	72.5	40	63.1	74.2	60	53.0	71.9	80	34.4	51.6	100	54.9	78.6

表8-2 回帰統計

重相関係数 R	0.6980
寄与率 R^2	0.4872
標準偏差	15.090
観測数	100

表8-3 分散分析表

	平方和	自由度	分散	観測分散比	有意 F
回 帰	21202.261	1	21202.261	93.111	3.938
残 差	22315.561	98	227.710		$\alpha = 0.05$
合 計	43517.822	99			

8.1 適用場面の例

表8-4 回帰係数とt値

	変数名	偏回帰係数	t値
切片	定数	23.534	5.658
変数1	X	0.7562	9.649

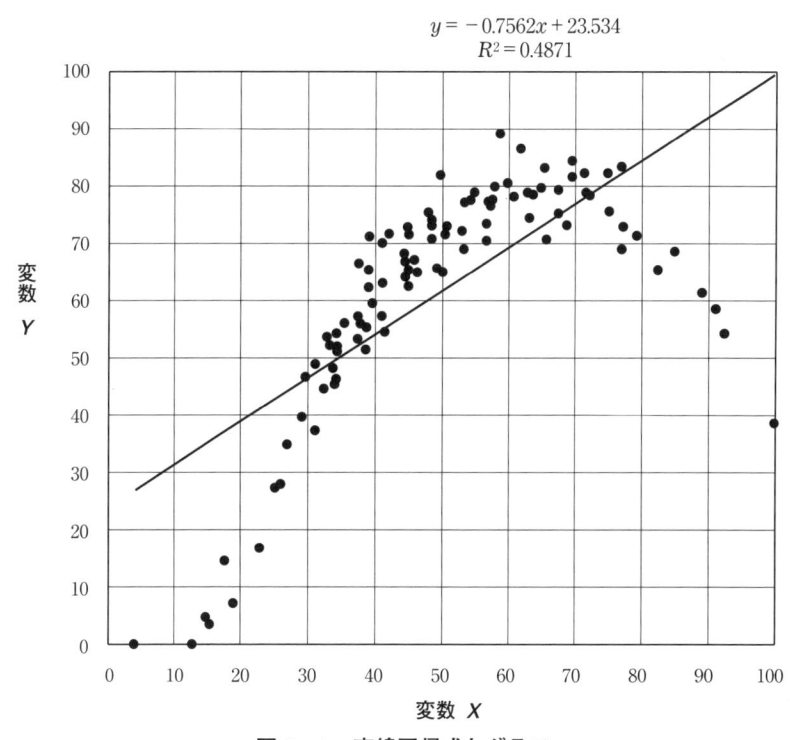

$y = -0.7562x + 23.534$
$R^2 = 0.4871$

変数 Y / 変数 X

図8-1 直線回帰式とグラフ

第8章　原因と結果の関係が直線でないときには（曲線回帰分析）

8.2　解析の方法

手順－1　superMA分析ツールを起動する．

手順－2　"元データ表"シートにデータを入力する．

変数－1に焼成温度を，変数－2に表面強度を入力する．

手順－3　変数－1の焼成温度の2乗したデータを作成する．（表8-5）

このとき，単純に変数－1の値を2乗するのではなく，次の方法で求める．

① 変数－1の平均を求める（エクセルを用いれば，＝average（データ範囲）で求められる）．

② 変数－3に｛(変数－1の値)－(変数－1の平均)｝＝(偏差)を計算する．

③ 変数－4にこの偏差の2乗の値である(偏差)^2を入力する．

手順－4　"元データ表"シートの「解析変数の指定」ボタンをクリックする．

1⇒4⇒99⇒2と入力する．

手順－5　"解析対象データ"シートの「superMA分析計算開始」ボタンをクリックする．

表8-5　元データ表

データNo.	変数－1 X	変数－2 Y	変数－3 $(X-\text{AVE})$	変数－4 $(X-\text{AVE})^2$
1	48.4	72.8	－1.1	1.12
2	45.9	67.0	－3.6	12.67
3	42.5	71.4	－7.0	48.44
4	31.3	48.8	－18.2	329.79
5	56.7	73.4	7.2	52.42
6	54.2	77.4	4.7	22.47
7	50.7	72.6	1.2	1.54
⋮	⋮	⋮	⋮	⋮

異常が発生しない場合は，"計算が終了しました．結果を確認してください"と表示されるので，OKをクリックする．

手順-6 結果を確認する．

手順-7 "残差分析"シートの結果を確認する．

表8-6は解析結果である．比較可能なものは直線回帰の結果と2次回帰の結果の両方を表示し，違いがわかるようにした．

① 重相関係数Rは，$0.6980 \Rightarrow 0.9657$と大幅に高くなった．寄与率はほぼ2倍になったことがわかる．また，標準偏差もおよそ3分の1になった．これらは，散布図で判断した2次の曲線効果があることを明確に証明している．

② 観測分散比は，表8-7のように$93.111 \Rightarrow 671.188$と大幅に大きくなった．

③ 1次の偏回帰係数について見ると，表8-8のように$0.756 \Rightarrow 0.893$とな

表8-6 回帰統計

	1次(単)回帰の結果	2次回帰の結果
重相関係数 R	0.6980	0.9657
寄与率 R^2	0.4872	0.9326
標準偏差	15.090	5.499
観測数	100	100

表8-7 分散分析表

	平方和	自由度	分散	観測分散比	有意 F
回　帰	40585.143	2	20292.571	671.188	3.090
残　差	2932.678	97	30.234		$\alpha = 0.05$
合　計	43517.821	99			

第8章 原因と結果の関係が直線でないときには(曲線回帰分析)

表8-8 回帰係数とt値

	変数名	1次(単)回帰の結果		2次回帰の結果	
		偏回帰係数	t値	偏回帰係数	t値
切片	定数	23.534	5.658	27.328	17.944
変数1	X	0.7562	9.649	0.893	30.726
変数2	(X-AVE)^2	なし	なし	-0.028	-25.320

り,少し傾きが大きくなっている.これは2次の項が負であるために,1次(単)回帰の結果はこの影響が入ってしまったためと思われる.

また,変数1の1次の回帰係数のt値も 9.649 ⇒ 30.726 となり,大幅に大きくなって信頼性が増したことがわかる.変数2の2次の回帰係数のt値は-25.320 で,1次の回帰係数のt値同様非常に大きな値を示している.

以上より,図8-2のように2次曲線で回帰する方が事実をうまく表現できることがわかった.本書で2次回帰の例を扱ったが,現実で用いるときは理論や固有技術をよく吟味し,どのような関係式が合理的かをよく考えることが重要である.

注) 2次の項を作るのに平均を引いて2乗した理由.

表8-9に X, Y,[偏差の2乗], X^2 の相関行列を示す.注意するのは,X の項と[偏差の2乗],X^2 の相関係数である.

X の項と[偏差の2乗]の相関係数= 0.186

X の項と X^2 の相関係数= 0.971

であることが表よりわかる.すべての解析に共通していることであるが,

① X(説明変数)と Y(特性値)との相関係数は高い方が望ましい.

② X(説明変数)間の相関係数は低い方が望ましい.もっとも望ましいのは「相関係数= 0」である.前述の例のように「相関係数= 0.971」のよ

8.2 解析の方法

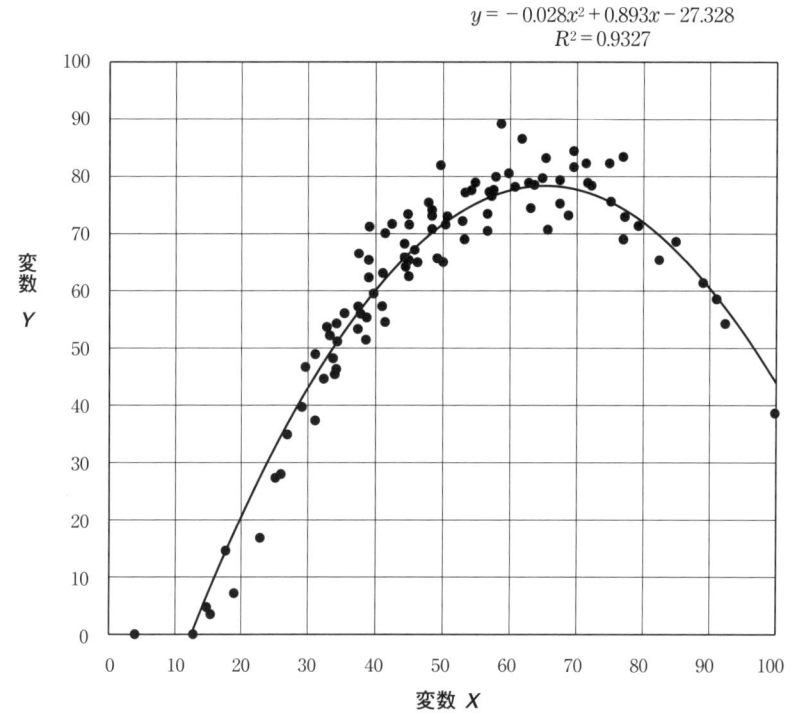

$$y = -0.028x^2 + 0.893x - 27.328$$
$$R^2 = 0.9327$$

図8-2 2次の曲線回帰式とグラフ

表8-9 相関行列

	X	Y	$(X-\text{AVE})^2$	$(X)^2$
X	1			
Y	0.698	1		
$(X-\text{AVE})^2$	0.186	-0.526	1	
X^2	0.971	0.519	0.414	1

うな場合には，解析の途中で0割り算が発生し，解析不能になることがある．これは，ソフトが悪いのではなく，データが悪いことに注意する．

第8章　原因と結果の関係が直線でないときには(曲線回帰分析)

　なお，厳密に解析を行うのであれば，直交多項式の解法を用いればよい．本例題では以上の方法で解析可能なため省略するが，直交多項式についてくわしく知りたい場合は他書を参照されたい．

　　＜散布図に曲線の回帰線を表示させる方法＞

　グラフを選択する(クリックする)→ツールバーにグラフ(C)が表示されるのでクリックする→近似曲線の追加(R)→近似曲線の追加(R)→近似曲線の追加(R)のサブウィンドウが表示される→多項式近似(P)を選択→次数(D)に"2"を入れる→"OK"ボタンを押す，もしくはEnterキーを押す→グラフに線が表示される．

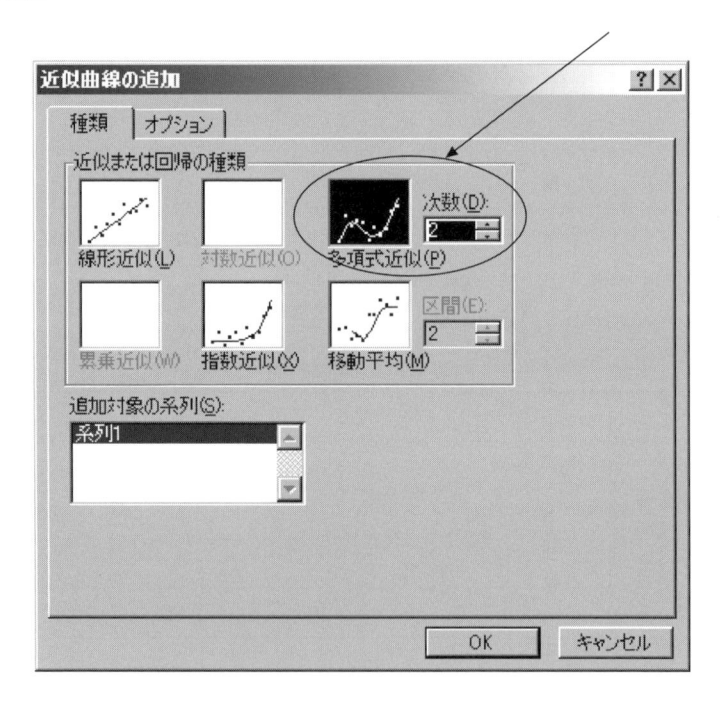

第9章　多変量解析法の利用上の注意点

本章では，これまでに説明してきた各種の解析法の中で，利用上，特に注意が必要な内容について解説する．

9.1　多重共線性（マルチコ：multicolinearity）

モデルの説明力を向上させるために，説明変数を増やしていった場合，しばしば起こるやっかいな問題がある．例えば説明変数同士で相関が強いものを両方取り込むと，片方を取り込んだときの偏回帰係数と，両方を取り込んだときの偏回帰係数とが大きく異なる．極端な場合は，係数の符号が反転することがある．このようなことを，多重共線性があるという．

一般的に多変量解析では，説明変数と目的変数は相関が高い方が望ましい．しかし，説明変数同士は相関が低い（相関係数＝0，独立である）方が結果の安定性等の観点から望ましい．

この条件を満足している究極の方法が実験計画法で用いられる直交表による配置である．この直交表は説明変数間の相関係数は0である．したがって，得られた結果は他の説明変数の影響を受けないという特徴がある（参考：第8章の注））．

【例題】　説明変数としてX_1とX_2を取り上げ，目的変数としてYを調査した．表9-1のようにデータ数は22あった．
　① 説明変数X_2と目的変数Yの関係を単回帰分析せよ．
　② 説明変数X_1とX_2と目的変数Yの関係を重回帰分析せよ．
　③ 説明変数X_2が①と②でどのように違うかを確認せよ．

第9章 多変量解析法の利用上の注意点

表9-1 データ表

X_1	X_2	Y	X_1	X_2	Y
10	77	8	41	25	101
12	68	14	44	32	110
15	68	24	48	18.5	122
18	32	35	51	20	131
22	57.5	48	54	8	145
25	31	53	58	51	153
27	57.5	60	55	11	143
30	51.5	68	30	60	68
33	42.5	78	35	44	88
35	47	83	38	35	96
39	39.5	98	31	44	72

【例題解答】

① 説明変数X_2と目的変数Yとの単回帰分析(表9-2～表9-4)

得られた回帰式は，$Y = 152.268 - 1.687X_2$である．相関係数も0.7543で高い値を示している．

表9-2 回帰統計

重相関係数 R	0.7543
寄与率 R^2	0.5690
標準偏差	28.248
観測数	22

9.1 多重共線性(マルチコ：multicolinearity)

表 9-3 分散分析表

	平方和	自由度	分散	観測分散比	有意 F
回　帰	21067.285	1	21067.285	26.402	4.351
残　差	15959.078	20	797.954		$\alpha=0.05$
合　計	37026.364	21			

表 9-4 回帰係数と t 値

	偏回帰係数	t 値
定数	152.268	10.157
X_2	-1.687	-5.138

② 説明変数 X_1 と X_2 と目的変数 Y との重回帰分析(表 9-5 ～表 9-7)

得られた回帰式は，$Y=-19.166+2.984X_1-0.023X_2$ である．重相関係数は 0.9991 で非常に高い値を示している．

表 9-5 X_1 と X_2 と Y

重相関係数 R	0.9991
寄与率 R^2	0.9982
標準偏差	1.847
観測数	22

表 9-6 分散分析表

	平方和	自由度	分散	観測分散比	有意 F
回　帰	36961.545	2	18480.773	5417.225	3.552
残　差	64.818	19	3.411		$\alpha=0.05$
合　計	37026.364	21			

第9章　多変量解析法の利用上の注意点

表9-7　回帰係数とt値

	偏回帰係数	t値
切片	−19.166	−7.109
X_1	2.984	68.257
X_2	−0.023	−0.713

③　説明変数X_2の①と②での違い

　X_2とYで単回帰分析を行ったときのX_2の係数は，−1.687であるが，X_1とX_2とYで重回帰分析を行ったときのX_2の係数は，−0.023で，約73倍も大きさが変わっている．これは，X_1とX_2の間の相関が高いために発生したのである．これは，どちらかの因子が不要であることを示している．統計的にはどちらの因子が不要であるかを判定することができない．固有技術や理論で判断すべき事項である．X_1とX_2の関係を図9-1に示す．

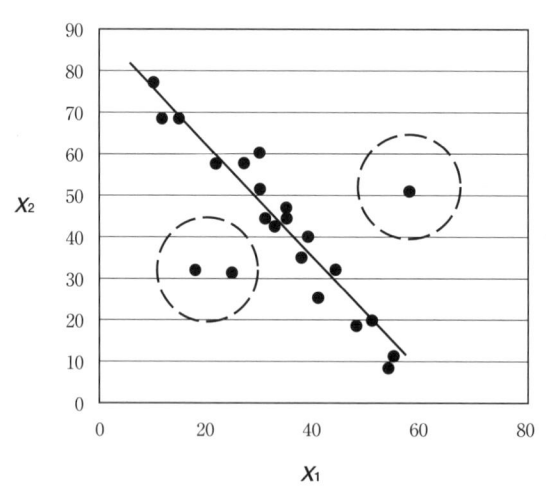

図9-1　X_1とX_2の関係

図9-1では真ん中に比べ，点線の楕円で囲った部分にはデータが少ないことがわかる(図では，3点しかない).

この右上の領域のデータが追加されたとき，その値が非常に大きければ，右上がりの平面が回帰面になる．一方，右上の領域のデータが非常に小さければ，左上がりの平面が回帰面になる．すなわち，回帰平面が，真ん中の線を支点として，ぐらぐらふらつくのである．これが多重共線性の図的意味合いである．この例のように，変数が2つのときはわかりやすいが，変数数が多いときは気がつきにくいので，特に注意が必要である(表9-8).

表9-8 相関行列

	X_1	X_2	Y
X_1	1		
X_2	-0.750	1	
Y	0.999	-0.754	1

9.2 理論式との比較

理論式もしくは従来からの実績ある式
$$\eta = \beta_0 + \beta_1 x_1 + \beta_2 x_2 + \cdots + \beta_p x_p$$
(この η は従来の式による推定値である)

大きさnの標本から求めた重回帰式
$$Y = b_0 + b_1 x_1 + b_2 x_2 + \cdots + b_p x_p$$
(このYは推定値である)

実測値を，y とすると，

第9章 多変量解析法の利用上の注意点

$$\sum_{i=1}^{n}(y_i-\eta_i)^2 = \sum_{i=1}^{n}(y_i-Y_i)^2 + \sum_{i=1}^{n}(Y_i-\eta_i)^2$$
$$= S_e + \sum_{i=1}^{n}(Y_i-\eta_i)^2$$

のように平方和を分解できる．左辺は｜(実測値)－(理論値)｜で，右辺の第1項は残差平方和，第2項は｜(新しい式の推定値)－(理論値)｜である．右辺の第1項は解析結果ですでに求められているので，計算の必要はない．残りの2つは，理論式にX_iの条件を入れて計算し，ηを求める．新しい式の推定値も"残差分析"シートにすでに計算されている．これらをもとに求めればよい．

これから，

$$F = \frac{\sum_{i=1}^{n}(Y_i-\eta_i)^2 / (p+1)}{S_e / (n-p-1)}$$

を求める．このF値が自由度$(p+1, n-p-1)$のF分布に従うことを利用する．最終的に新たに算出する必要があるのは，理論式(従来の式)から求めたηである．

【例題】 切削機におけるバルブの開度と切削量の関係(第2章の事例再掲)

部品Tを切削するために微調整バルブを回して切削量を調整している．従来は，試行錯誤で決めていたが，新入生もこの作業を行うことになった．このため，微調整バルブの開度と切削量の関係を定量的に調べた．その結果の一部が表9-9である．データは，15個採取した．これらのデータから，バルブの開度と切削量の関係を求める．

求めた回帰式は，

$$y = 0.0697x + 0.5461$$

であったが，従来から長年，

$$y = 0.0500x + 1.0000$$

表9-9 データ表

サンプル番号	バルブ開度(度)	切削量(μm)	サンプル番号	バルブ開度(度)	切削量(μm)	サンプル番号	バルブ開度(度)	切削量(μm)
1	10	1.1	6	30	2.7	11	35	2.7
2	27	2.2	7	11	1.4	12	25	2.3
3	38	3.0	8	18	2.0	13	32	3.0
4	13	1.6	9	45	3.6	14	42	3.7
5	21	1.9	10	40	3.5	15	12	1.3

なる回帰式で生産してきた．今回求めた回帰式は従来の回帰式と違うといえるだろうか（表9-10）．

【例題解答】

F値を計算する．

$$F = \frac{\sum_{i=1}^{n}(Y_i - \eta_i)^2 / (p+1)}{S_e / (n-p-1)}$$

$$= \frac{0.8578/2}{0.4197/13} = 13.284$$

$F(2, 13 ; 0.05) = 3.81$，$F(2, 13 ; 0.01) = 6.70$ より，危険率1％で有意である．

すなわち，今回求めた回帰式：$y = 0.0697x + 0.5461$ は，従来から用いていた回帰式：$y = 0.0500x + 1.0000$ とは危険率1％で異なるといえる．

この例では，流れを理解してもらうために，変数1つの単回帰式で例示したが，変数が2つ以上でも，まったく同様に計算すればよい．

第9章 多変量解析法の利用上の注意点

表9-10 従来の回帰式による推定値とその差

データNo.	実測値	今回の式による推定値	残差	理論式の推定値	推定値同士の差	推定値同士の差の2乗
1	1.10	1.24	−0.14	1.50	−0.26	0.0660
2	2.20	2.43	−0.23	2.35	0.08	0.0061
3	3.00	3.19	−0.19	2.90	0.29	0.0868
4	1.60	1.45	0.15	1.65	−0.20	0.0392
5	1.90	2.01	−0.11	2.05	−0.04	0.0016
6	2.70	2.64	0.06	2.50	0.14	0.0188
7	1.40	1.31	0.09	1.55	−0.24	0.0563
8	2.00	1.80	0.20	1.90	−0.10	0.0099
9	3.60	3.68	−0.08	3.25	0.43	0.1870
10	3.50	3.33	0.17	3.00	0.33	0.1115
11	2.70	2.99	−0.29	2.75	0.24	0.0554
12	2.30	2.29	0.01	2.25	0.04	0.0015
13	3.00	2.78	0.22	2.60	0.18	0.0311
14	3.70	3.47	0.23	3.10	0.37	0.1394
15	1.30	1.38	−0.08	1.60	−0.22	0.0473
		残差平方和		0.4197	合計	0.8578

9.3 変数の存在範囲(重回帰式の成立領域)の確認

解析によって，求められた重回帰式は，あくまでも与えた変数が存在する範囲の中で成立している式であることを，よく認識しておくことが必要である．したがって，データの中にない範囲を外挿して求めてはならない．外挿すると，ほとんどの場合，推定値と実現値が大きくずれるので，どうしても必要な

場合は，その組合せでの確認実験をすることが必要である．

また，多重共線性の項でも説明したが，各変数は範囲内にあっても，組み合わせたときに，データが存在しているかについて確認することが必要である（図の点線の楕円内の領域）．

外挿した場合より，この場合の方がより注意が必要である．解析にあたっては，最初に単相関行列を求め，説明変数同士の相関に異常に高いものがないかをチェックしておくことが，これらの問題に対しては有効である．一般的には，全説明変数を組み合わせた散布図を描くのがよい．自分で描こうとすると手間がたいへんなので，相関行列で絞り込んでから描くのが効率的である．高価な専用解析ソフトにはこの機能がついているものが多い．

9.4　残差の絶対値のチェック

寄与率や重相関係数が限りなく1に近い方がよいというのは，論をまたない．しかし，これらには欠点がある．なぜなら，これらは，説明変数の範囲を限りなく広げたり，データが両側に集中して中央部分のところが抜けていると，計算の構造上，寄与率や重相関係数は限りなく1に近づくからである．

特に，得られた重回帰式を実務で適用して個々の値の予測に使用する場合には，残差の大きさに注意が必要である．経済学で用いられるような傾向の分析のときは，このことは問題とならないが，製造業などで，製造条件の決定や検査結果の予測などに用いる場合は，予測値と実測値との差(偏差)が小さいことが重要である．この大きさが残差の標準偏差で与えられているのである．

この残差の大きさが，実務で要求されているばらつきの大きさに対して十分小さいかどうかが，適用可否判断の基準となる．規格に対してばらつきの能力を表す工程能力指数(CP)の見方のように，残差の大きさをチェックするとよいであろう．

9.5　偏回帰係数のチェック

得られた偏回帰係数もチェックが必要である．
① 従来の固有技術や理論に対し，正負の符号があっているか？
　　違うとすれば，どうしてか？
　　従来の固有技術が間違っていたのか？
② 従来の固有技術や理論に対し，桁があっているか？
　　従来は1の位であったが，今回の解析で得られた係数は10の位である．
　実際はどちらが正しいと考えられるか？
というような，検討を必ず行う必要がある．このとき，単純な入力ミス，データの記録ミスなど，使用したデータに問題がある場合もよくある．また，故意に改ざんされている可能性もある．

あらゆることをチェックして，その結果，問題がなければ採用するくらいの慎重さが必要である．結果に納得がいかないため詳細に調査したところ，計測器が壊れかけていたのが判明した，というようなことも実務では結構起こっている．

9.6　残差分析（回帰診断）

各手法の中で説明したが，今回得られた回帰式が採用できるか否かの判定のために，説明できなかった部分，すなわち，残差の内容について分析しておくことが必要である．そのために，"残差分析"シートで残差のチェックを行う．
チェックのポイントとしては，
① Yの値の全体に対して，残差の大きさが同じ程度か？
② Yの値の大きいところで，残差が大きく（小さく）なっていないか？
　　逆にYの値の小さいところで，残差が大きく（小さく）なっていないか？
③ Yの値の真ん中部分の残差はマイナスが多く，両端はプラスの残差が多

9.6 残差分析（回帰診断）

くなっていないか(この逆もある)．このようなときは，2次や3次といった高次の項があることを示しているので，取り上げたモデルについて再考することが必要である．

④ Yを時系列に並べたとき，残差に周期性がないかをチェックする必要がある．周期性が認められたときは，何がその周期にあたるような要因か，項目は何が該当するかをよく調べてみることが有効である．原因がわかれば，モデルを変更して再度解析し，原因が間違っていないかを検証することが必要である．

第9章　多変量解析法の利用上の注意点

9.7　よいデータと悪いデータ（解析可能性）

【データ1】　表9-11から，どのような情報が得られるか？

表9-11　データ表

データ番号	部品A	部品B	担当者	原料成分	添加剤	特性値
1	S社納入分	N型	田中	主成分XE	SLC	23
2	S社納入分	N型	田中	主成分XE	SLC	12
3	S社納入分	N型	田中	主成分XE	SLC	20
4	S社納入分	N型	田中	主成分XE	SLC	20
5	S社納入分	N型	田中	主成分XE	SLC	15
6	S社納入分	N型	田中	主成分XE	SLC	23
7	S社納入分	N型	田中	主成分XE	SLC	34
8	S社納入分	N型	田中	主成分XE	SLC	21
9	S社納入分	N型	田中	主成分XE	SLC	14
10	S社納入分	N型	田中	主成分XE	SLC	9
11	S社納入分	N型	田中	主成分XE	SLC	30
12	S社納入分	N型	田中	主成分XE	SLC	27
13	S社納入分	N型	田中	主成分XE	SLC	16
14	S社納入分	N型	田中	主成分XE	SLC	15
15	S社納入分	N型	田中	主成分XE	SLC	25
16	S社納入分	N型	田中	主成分XE	SLC	18

⇒　上記16個のデータは，説明変数がすべて同じ条件で特性値のみばらついている．特性値のばらつきの大きさがわかるだけのデータである．

9.7 よいデータと悪いデータ（解析可能性）

【データ2】 表9-12から，どのような情報が得られるか？

表9-12 データ表

データ番号	部品A	部品B	担当者	原料成分	添加剤	特性値
1	S社納入分	N型	田中	主成分XE	SLC	23
2	S社納入分	N型	田中	主成分XE	SLC	12
3	S社納入分	N型	田中	主成分XE	SLC	20
4	S社納入分	N型	田中	主成分XE	SLC	20
5	S社納入分	N型	田中	主成分XE	SLC	15
6	S社納入分	N型	田中	主成分XE	SLC	23
7	S社納入分	N型	田中	主成分XE	SLC	34
8	S社納入分	N型	田中	主成分XE	SLC	21
9	T社納入分	P型	日置	主成分SS	SLY	14
10	T社納入分	P型	日置	主成分SS	SLY	9
11	T社納入分	P型	日置	主成分SS	SLY	30
12	T社納入分	P型	日置	主成分SS	SLY	27
13	T社納入分	P型	日置	主成分SS	SLY	16
14	T社納入分	P型	日置	主成分SS	SLY	15
15	T社納入分	P型	日置	主成分SS	SLY	25
16	T社納入分	P型	日置	主成分SS	SLY	18

⇒ 上記16個のデータは，説明変数は上8個と下8個がすべて同じ条件であるので，上と下でどの程度特性値が変わるかの情報が得られるが，原因がどれかはわからないデータである．

第9章　多変量解析法の利用上の注意点

【データ3】　表9-13から，どのような情報が得られるか？

表9-13　データ表

データ番号	部品A	部品B	担当者	原料成分	添加剤	特性値
1	S社納入分	N型	田中	主成分XE	SLC	25
2	S社納入分	N型	田中	主成分XE	SLC	25
3	S社納入分	N型	田中	主成分SS	SLY	25
4	S社納入分	N型	田中	主成分SS	SLY	25
5	S社納入分	P型	日置	主成分XE	SLY	25
6	S社納入分	P型	日置	主成分XE	SLY	25
7	S社納入分	P型	日置	主成分SS	SLC	25
8	S社納入分	P型	日置	主成分SS	SLC	25
9	T社納入分	N型	日置	主成分XE	SLC	25
10	T社納入分	N型	日置	主成分XE	SLC	25
11	T社納入分	N型	日置	主成分SS	SLY	25
12	T社納入分	N型	日置	主成分SS	SLY	25
13	T社納入分	P型	田中	主成分XE	SLY	25
14	T社納入分	P型	田中	主成分XE	SLY	25
15	T社納入分	P型	田中	主成分SS	SLC	25
16	T社納入分	P型	田中	主成分SS	SLC	25

⇒　上記16個のデータは，説明変数の条件はいろいろ変化しているが，特性値が一定なので，これらの説明変数の条件は変化しても特性値に影響がなさそうなことしか情報が得られない．

9.7 よいデータと悪いデータ（解析可能性）

【データ4】 表9-14から，どのような情報が得られるか？

表9-14 データ表

データ番号	部品A	部品B	担当者	原料成分	添加剤	特性値
1	S社納入分	N型	田中	主成分XE	SLC	23
2	S社納入分	N型	田中	主成分XE	SLC	12
3	S社納入分	N型	田中	主成分SS	SLY	20
4	S社納入分	N型	田中	主成分SS	SLY	20
5	S社納入分	P型	日置	主成分XE	SLY	15
6	S社納入分	P型	日置	主成分XE	SLY	23
7	S社納入分	P型	日置	主成分SS	SLC	34
8	S社納入分	P型	日置	主成分SS	SLC	21
9	T社納入分	N型	日置	主成分XE	SLC	14
10	T社納入分	N型	日置	主成分XE	SLC	9
11	T社納入分	N型	日置	主成分SS	SLY	30
12	T社納入分	N型	日置	主成分SS	SLY	27
13	T社納入分	P型	田中	主成分XE	SLY	16
14	T社納入分	P型	田中	主成分XE	SLY	15
15	T社納入分	P型	田中	主成分SS	SLC	25
16	T社納入分	P型	田中	主成分SS	SLC	18

⇒ 上記16個のデータは，説明変数の条件がいろいろ変化しており，説明変数間の相関係数も低く，特性値の変動がどの説明変数の条件変化によるものかを定量的に分解できる．

　このようなデータをうまく集めることが解析成功のコツである．

第10章 エクセルマクロによる回帰分析
（計算手順理解のために）

前章までは，エクセルをベース（入力情報と出力情報の媒体としてという意味）にした，多変量解析ソフトsuperMA分析を解説してきた．このソフトは，ファイルを起動（ダブルクリックでもよい）すると，分析画面が表示され，

① 元データ表シート（解析対象以外のデータもすべてここに入れる）
② 解析対象データシート（今回，解析を行う変数を元データ表シートから引き抜いてきたもの）
③ 解析結果シート（解析ボタンをクリックすると，このシートに結果を表示する）
④ 残差分析シート（重回帰分析後自動的に作成される）

の4つのシートを用いて計算できるようにしている．

本章では，回帰分析の計算手順を理解してもらうために，エクセルによる計算手順を解説する．詳細な手順を以下に示す．

10.1 エクセルを使った例題

手順−1 エクセルを起動する．

新規のシートを準備する．

手順−2 H2からI7にデータのX部分を入力する．

G2からG7に1を入れる（定数項の分）．特性値YはG14からG19に値を入力する．

手順−3 変量Xのデータ行列Aの転置行列A^Tを求める．

G2からI7をドラッグして指定する→編集（F）→コピー（C）→カーソルをA8にもっていき，左ボタンをクリック（A8選択）→編集（F）→形式を指定して貼

第10章　エクセルマクロによる回帰分析(計算手順理解のために)

	A	B	C	D	E	F	G	H	I
1	A^TA^{-1}	③					A		
2	93.3909	-10.873	-0.5417				1	8.4	8
3	-10.873	1.4563	-0.0971				1	7.8	10
4	-0.5417	-0.0971	0.1398				1	8.3	10
5							1	7.8	8
6							1	7.7	10
7	A^T						1	8.6	11
8	1	1	1	1	1	1	6.00	48.60	57.00
9	8.4	7.8	8.3	7.8	7.7	8.6	48.60	394.38	462.2
10	8	10	10	8	10	11	57.00	462.20	549.0
11							A^TA	①	
12	④								
13	$(A^TA)^{-1}A^TY$						Y		
14	0.3930	= b_0					6.9		
15	0.6117	= b_1					7		
16	0.1792	= b_2					7.2		
17							6.7		
18							6.8		
19	A^T						7.7		
20	1	1	1	1	1	1	42.30		
21	8.4	7.8	8.3	7.8	7.7	8.6	343.1	②	
22	8	10	10	8	10	11	403.5		
23							A^TY		

り付け(S)→行列を入れ替える(E)→OK

手順-4　平方和行列A^TAを求める．(①の部分)

　G8にカーソルをおく→G8に"=MMULT(A8：F10, G2：I7)"と入力し，「Enter」キーを押す→G8からI10をドラッグして指定する→カーソルを数式バー(=MMULT(A8：F10, G2：I7)と表示されている部分)にもっていき，マウスの左ボタンをクリックする→「Ctrl」キーと「Shift」キーを押しながら,「Enter」キーを押す(以降，この操作を「Ctrl」+「Shift」+「Enter」と表現する)．

　この操作を行うと，平方和行列がセルに現れる．

注）この数式バーの式をさわるとエラーになり，復帰・終了できなくなる．

手順-5 変量Xのデータ行列A^Tと特性値行列Yの掛け算A^TYを行う．（②の部分）

A8からF10をA20からF22にコピーする→G20にカーソルをおく→G20に"=MMULT（A20：F22，G14：G19）"と入力し，「Enter」キーを押す→G20からG22をドラッグして指定する→カーソルを数式バー（=MMULT（A20：F22，G14：G19）と表示されている部分）にもっていき，マウスの左ボタンをクリックする→「Ctrl」+「Shift」+「Enter」→行列A^TYがセルに現れる．

手順-6 平方和行列$(A^TA)^{-1}$を求める．（③の部分）

A2にカーソルをおく→A2に"=MINVERSE（G8：I10）"と入力し，「Enter」キーを押す→A2からC4をドラッグして指定する→カーソルを数式バー（=MINVERSE（G8：I10））と表示されている部分）にもっていき，マウスの左ボタンをクリックする→「Ctrl」+「Shift」+「Enter」→逆行列$(A^TA)^{-1}$がセルに現れる．

手順-7 係数行列$b_i = (A^TA)^{-1}A^TY$を求める．（④の部分）

A14にカーソルをおく→A14に"=MMULT（A2：C4，G20：G22）"と入力し，「Enter」キーを押す→A14からA16をドラッグして指定する→カーソルを数式バー（=MMULT（A2：C4，G20：G22））と表示されている部分）にもっていき，マウスの左ボタンをクリックする→「Ctrl」+「Shift」+「Enter」→係数行列b_iがセルに現れる．

手順-8 特性値の推定値を求める．

D29にカーソルをおく→D29に"=MMULT（A29：C34，A14：A16）"（次の図は係数行列b_iを（D26：D28）にコピーして説明しているので，"=MMULT（A29：C34，D26：D28）"でもよい）と入力し，「Enter」キーを押す→D29からD34をドラッグして指定する→カーソルを数式バー（=MMULT（A29：C34，D26：D28））と表示されている部分）にもっていき，マウスの左ボタンをクリックする→「Ctrl」+「Shift」+「Enter」→特性値の推定値$\hat{y}_i$がセルに現れる．

第10章 エクセルマクロによる回帰分析(計算手順理解のために)

24	A	B	C	D	E	F	G
25	特性値の推定と残差						
26				b			
27				0.3930			
28	A			0.6117	Y	残差	残差2乗
29	1	8.4	8	0.1792	6.9	-0.06	0.0042
30	1	7.8	10	6.96	7	0.04	0.0019
31	1	8.3	10	7.26	7.2	-0.06	0.0038
32	1	7.8	8	6.60	6.7	0.10	0.0105
33	1	7.7	10	6.89	6.8	-0.09	0.0090
34	1	8.6	11	7.62	7.7	0.08	0.0057
35				$\hat{y}_i$	y_i	0.00	0.0351

手順-9 残差(=観測値-推定値)を求める.

特性値を"G14:G19"から"E29:E34"にコピーする→E28に"Y",F28に"残差",G28に"残差2乗"と入力する→F29にカーソルをあわせる→"=E29-D29"と入力し,「Enter」キーを押す→F29にカーソルをあわせる→編集(E)→コピー(C)→F30からF34をドラッグして指定し,「Enter」キーを押す→F29からF34をドラッグして指定する→編集(E)→コピー(C)→F35にカーソルをあわせる→ツールバーのΣボタンをクリックする→F29からF34をドラッグして指定する→「Enter」キーを押す→残差の合計が表示される.このとき,四捨五入の範囲で0にならない場合は操作が間違っている.

手順-10 残差の2乗を求める.

G29にカーソルをあわせる→"=F29*F29"と入力し,「Enter」キーを押す→G29にカーソルをあわせる→編集(E)→コピー(C)→G30からG34をドラッグして指定し,「Enter」キーを押す→F29からF34をドラッグして指定する→編集(E)→コピー(C)→G35にカーソルをあわせる→ツールバーのΣボタンをクリックする→G29からG34をドラッグして指定する→「Enter」キーを押す→残差の2乗の合計(S_e)の値が表示される.

手順-11 寄与率R^2を求める.

これより,残差平方和S_eは,0.0351である.これを$\theta_e = n-p-1 = 6-2-1$

=3で割ると残差の分散が求められる．

注）　n：変量Xのデータ数，p：変量Xの数

（Yの平均を求める）　F13に"Yの平均"と入れる→F14にカーソルをあわせる→ツールバーのΣボタンの右の▼ボタンを押す→平均を押す→G14からG19をドラッグして指定する→「Enter」キーを押す→Yの平均が表示される．

（全平方和を求める）　H13に"Yの偏差2乗"と入れる→"=(H14-F14)^2"→「Enter」キーを押す→H15からH19をドラッグして指定する→「Enter」キーを押す→H20にカーソルをあわせる→ツールバーのΣボタンを押す→H14からH19をドラッグして指定する→「Enter」キーを押す→Yの偏差2乗の合計が表示される．これが，$S_{yy}=0.655$である．

次に寄与率を求める．回帰の平方和は，
$$S_R = S_{yy} - S_e = 0.655 - 0.0351 = 0.620$$
であり，これから寄与率R^2は，
$$R^2 = \frac{S_R}{S_{yy}} = \frac{0.620}{0.655} = 0.947 \text{ である．}$$

手順-12　重相関係数Rを求める．

重相関係数は，寄与率の平方根である．したがって，$R=0.973$である．

手順-13　自由度調整済み寄与率R^{*2}を求める．

自由度調整済みの寄与率R^{*2}は，
$$R^{*2} = 1 - \frac{V_e}{V_T} = \frac{S_e/(n-p-1)}{S_{yy}/(n-1)} = \frac{p(V_R - V_e)}{S_{yy}}$$
に代入すれば求められる．

$$R^{*2} = 1 - \frac{V_e}{V_T} = 1 - \frac{0.0117}{0.131} = 1 - 0.0893 = 0.907$$
である．

第10章 エクセルマクロによる回帰分析(計算手順理解のために)

10.2 エクセル分析ツールを用いて解析

手順-1 エクセルを起動する．(表10-1)

新規のシートを準備する．

手順-2 新規シートにデータを入力する．(XとY両方)

表10-1 データ表

X_1	X_2	Y
8.4	8	6.9
7.8	10	7.0
8.3	10	7.2
7.8	8	6.7
7.7	10	6.8
8.6	11	7.7

10.2 エクセル分析ツールを用いて解析

手順-3 回帰分析を行う.

ツール(T)→分析ツール(D)→回帰分析→OK
(分析ツールが表示されないときは章末の注)を参照)

手順-4 回帰分析の情報を設定する.

下の図の回帰分析のダイアログが画面中央に表示される．入力Y範囲(Y)：の窓の右端をマウスで左クリックすると元のエクセルの画面に戻るので，解析対象のYの範囲をドラッグする→窓の右端をマウスで左クリックする→同様に入力X範囲(X)：について行う．OKをクリックすると結果画面が表示される(表10-2～表10-4)．

残差2乗は，自動で表示されないので表の右側に追加する．残差を2乗して，合計を求めると0.0351となる．これが表10-5の残差の変動(平方和のこと)である．

表10-2 概要（回帰統計）

重相関係数 R	0.9728
寄与率 R^2	0.9464
標準誤差	0.1082
観測数	6

表10-3 分散分析表

	自由度	変動	分散	観測された分散比
回 帰	2	0.6199	0.310	26.486
残 差	3	0.0351	0.012	
合 計	5	0.6550		

第10章　エクセルマクロによる回帰分析(計算手順理解のために)

表10-4　回帰係数表

	係数	t 値
切片	0.3930	0.3759
X値1	0.6117	4.6853
X値2	0.1792	4.4310

表10-5　残差出力

観測値	予測値:Y	残差	残差2乗
1	6.965	−0.065	0.0042
2	6.956	0.044	0.0019
3	7.262	−0.062	0.0038
4	6.598	0.102	0.0105
5	6.895	−0.095	0.0090
6	7.625	0.075	0.0057
			0.0351

注)　分析ツールが表示されないときの設定方法.
　ツール(T)→アドイン(I)→アドインのサブウィンドが表示される→"分析ツール"と"分析ツール−VBA"にチェックを入れる→"OK"ボタンを押す→ツール(T)→分析ツール→データ分析のサブウィンドが表示される.
　このあとは，10.2節の手順−3を実施する.

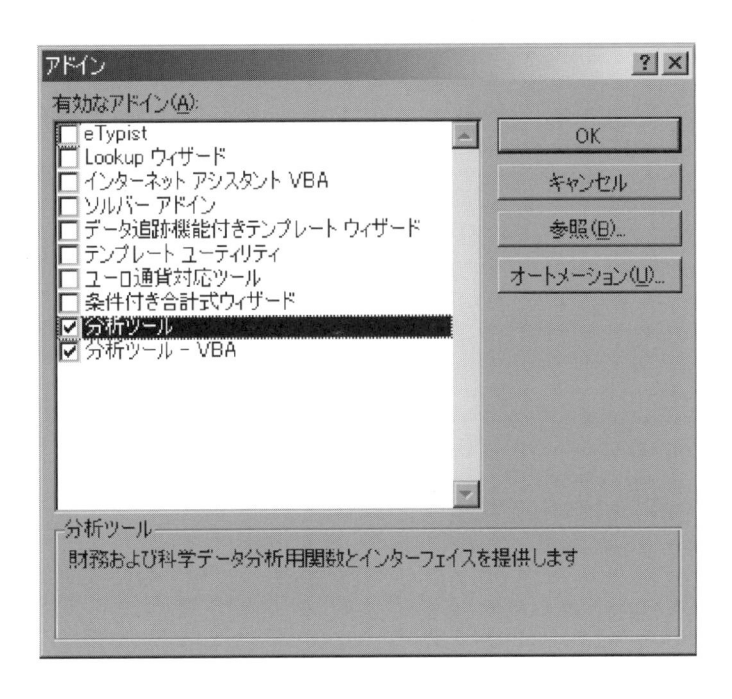

10.2 エクセル分析ツールを用いて解析

付録　基礎の復習

(1)　t値とは

　正規分布において，平均からいくらずれているかが決まればその点での起こる確率を求めることができる．この平均からのずれを標準偏差で割って，標準偏差の何倍かを示す．この値が正規分布の表で求められる$u(\alpha)$である．しかし，通常正規分布から標本(サンプル)をとり，その標本の分布を描いてみると，もとの正規分布からずれることがわかっている．そのずれ方はとった標本の数によって違う．つまり，正規分布からとられた標本は，サンプル数と確率αで決まることがわかる．このずれた分布をt分布という．したがって，実際に解析するときは，正規分布ではなくt分布を用いて判断する．

　このt分布においても，平均や標準偏差(分散)を求める．得られたデータが平均から標準偏差の何倍ずれているかを表すものがt値である．このt値が所定の値より絶対値で大きければ，"従来と違う"とか"この変数は特性値に影響している"と判断するのである．この基準値は$t(\phi, \alpha)$と表す．ここで，ϕは自由度と呼ばれるもので，$(N-1)=(データ数)-1$である．superMA分析では，この自由度は残差の自由度になる．αは危険率と呼ばれる．このt値は回帰係数が負のときはt値も負になるので，絶対値でチェックする．

【例】　解析で求められたt値 = 5.24 (superMA分析の解析結果表の係数の表に出ているもの)，危険率$\alpha = 0.05$で，残差の平方和の自由度が29のとき，$t(29, 0.05) = 2.045$である．

$$t値 = 5.24 > t(29, 0.05) = 2.045$$

であるので，この変数の回帰係数は，危険率5％で有意であると判断する．すなわち，求められた回帰係数が0ではないことを示す．

(2) F値とは

F値は解析結果の分散分析表に出てくる．このF値は，

$$F = \frac{V_R}{V_e} = \frac{\text{回帰による分散}}{\text{残差分散}}$$

という内容になっている．ここでいう分散は，平均と標準偏差の項で説明した意味とは異なり，残差(ある意味で誤差という場合もある)による特性値のゆらぎと比べて，回帰式として取り上げた変数の値が変わることによる特性値の動きが残差の何倍あるかを示すものである．

このとき注意することは，分子の回帰による分散の中に残差1個分が入っていることである．すなわち，$F = 1$の場合は，純粋な回帰による変動部分が0であることを示している．$F = 2$の場合で，純粋な回帰による変動部分が残差と同じ大きさであることを示している．

$$F = 2 = \frac{\hat{\sigma}_R^2 + \hat{\sigma}_e^2}{\hat{\sigma}_e^2} \text{ より，} 2 \times \hat{\sigma}_e^2 = \hat{\sigma}_R^2 + \hat{\sigma}_e^2$$

$$\therefore \hat{\sigma}_R^2 = \hat{\sigma}_e^2$$

少なくとも，$F \geqq 2$以上が必要であることがわかるであろう．危険率αで検定するには，F(回帰に取り上げた変数の数，残差の自由度；危険率α)の値と比較し，大きければ危険率αで検定する．

注) 厳密には，$\hat{\sigma}_R^2 = \frac{1}{p}(\Sigma \beta_j \beta_k S_{jk})$である($p$ = 変数の数)．詳細については多変量解析の専門書を読まれたい．

(3) 自由度とは

データが1，3，5，7，9のとき，合計値が25でサンプル数が5であるので，平均は5.0である．平均を求めるときはすべてのデータを使うことができる．次に，分散を求めるためにまず平方和を求める．平方和を求めるには先に平均からの偏差を求めることになる．いま，データを順にとり，1，3，5，7とな

ったとき，平均が5.0，合計値が25であるので，最後のデータは，$x_5 = 25 - (1+3+5+7) = 9$ となり，自動的に一番最後のデータは値が決まってしまう．すなわち，自由に値をとれるのは[全データ数－1]である．このことから，「自由度＝全データ数－1」と呼ばれている．

注) 相関係数はXの平均とYの平均を用いるので，「自由度＝全データ数－2」となる．

(4) 偏回帰係数とは

一般的に多変量解析に用いるデータは，実験計画法のように計画されたデータではない．そのため，説明変数が2個以上ある場合，ある変数の動きは，多かれ少なかれその他の説明変数と似た動き（説明変数間の相関係数が0ではなく，独立ではない動き）をしていることが多い．完全に同じ動きをする場合は，相関係数が1となり，解析不能となる．説明変数間の相関係数が0.2や0.3でも影響を受けているのである．

解析では，これでは困るので，他の説明変数の影響を受けないようにして回帰係数を求める．これが，偏回帰係数である．他の説明変数の影響を考えないで結果を求めるのが，単回帰分析である．影響を受けている変数が，特性値に対しマイナス（負）の効果がある場合は，求めようとしている変数の係数は本来の値より小さな値になり，特性値に対しプラス（正）の効果がある場合は，求めようとしている変数の係数は本来の値より大きな値になる．

したがって，単回帰分析は，過去の経験や固有技術により，他の変数の影響を受けないことがわかっている場合に使われる手法である．

あとがき―さらなる進歩のために―

　多変量解析法では,「すべてをあげよ」といわれても数えきれないくらい,いろいろな手法が提唱されている.その中には,ある特定の問題しか解けないものから,汎用性の高いものまで混在している.

　実務における適用に際しては,よく吟味して使われることを望む.特に,多変量解析法は,風通しをよくするために行列を多用する.しかし,行列に縁のない人には,これが多変量解析法をとてつもなくむずかしいものに感じさせているのも事実である.本書は,「習うより慣れろ」を第一に進行してきた.読者は多変量解析がどんなものであるか理解できたと思うが,① 機会があれば可能な限り実務に適用する,② 理論をもう少し理解する,ことが必要と思われる.

　時間があれば,解析のプログラムを自作することが一番の近道である.昔は,FORTRANやインタープリターのBASICがどのパソコンでも動かせたが,いまは,ビジュアルベーシックぐらいしか誰でも使えるプログラミング言語がなくなってしまった.

　本書に添付したソフトは,エクセルを入出力の用紙としたビジュアルベーシックのソフトである.通常はソースは見られないがこのソフトはソースを見ることができ,かつ,修正することも可能である.ただ,人の作ったソフトの修正は,1からソフトを自分で作るより3倍から5倍の時間がかかるといわれている.ソフトは自分で作った方が早いし,勉強になると思われる.どちらにするかは,読者にお任せする.

参考文献

入門書	著者	出版社	特徴
多変量解析のはなし	大村 平	日科技連出版社	数式なしで気軽に読める
図解でわかる多変量解析	涌井良幸ほか	日本実業出版社	お話的で図解
Excelで学ぶ多変量解析入門	菅 民郎	オーム社	使い方の解説，ソフト別売り
統計解析の実践手法	佐川良寿	日本実業出版社	例題と手法紹介
複雑さに挑む科学－多変量解析入門	柳井晴夫ほか	講談社	ブルーバックスのシリーズ
多変量解析入門	大野高裕	同友館	理論をやさしく解説
教科書的専門書	**著者**	**出版社**	**特徴**
多変量解析法	奥野忠一ほか	日科技連出版社	理論の説明がくわしい
続 多変量解析法	奥野忠一ほか	日科技連出版社	プログラムの紹介
回帰分析と主成分分析	芳賀敏郎ほか	日科技連出版社	理論とプログラム
数量化理論入門	小林龍一	日科技連出版社	理論と例題
多変量データの解析法	後藤昌司	科学情報社	理論
多変量グラフ解析法	後藤昌司ほか	朝倉書店	理論
基本 多変量解析	浅野長一郎ほか	日本規格協会	理論
応用回帰分析	N. R. ドレーパーほか	森北出版	回帰の理論（上級）
プログラム解説ほか	**著者**	**出版社**	**特徴**
パソコン統計解析ハンドブックⅡ－多変量解析編	田中 豊ほか	共立出版	BASICによるソフト
Excelによる回帰分析入門	縄田和満	朝倉書店	Excelによる回帰分析方法
歴史書	**著者**	**出版社**	**特徴**
多変量解析の歴史	安藤洋美	現代数学社	時代ごとの変遷

参 考 文 献

　最近特に多変量解析の入門書が多く出版されている．その理由の一つに，パソコンの高性能化があげられる．もう一つの理由として，インターネットの発達等により，精密なものからデータといえない雑なものまで混在したデータが溢れ返っていることがあげられる．これらの雑ぱくなデータ群の中から，確かな情報を取り出すことが必要になってきていることが理由と考えられる．

付属CD-ROMについて

■付属CD-ROMの使い方

　付属CD-ROMを，パソコンのCD-ROMドライブにセットし，CD-ROM内のファイル名をダブルクリックしてください．

　superMA分析ツールは，エクセルの上で動作するVB（ビジュアルベーシック）で作成されています（Windows 98, Me, XP, およびエクセル97, 2000, XPで動作確認済み）．

　また，互換性については，Microsoft社のホームページのサポート技術情報で確認してください．

■動作環境

　CD-ROMの内容をご覧になるには，解像度800×600以上のモニターが必要です．

■ご注意（免責事項）

　付属CD-ROMに収録されたデータについて，著者，出版社のいずれも，ご使用になられて生じた損害に対してサポートの義務を負うものではなく，これらが任意の環境で動作することを保証するものではありません．

　また，付属CD-ROM内のデータは，著作権法によって保護されています．

付属CD-ROMについて

■CD-ROMの内容

【解析用ソフトウェア】

名　前
superMA分析
最新統計数値表

【解析事例】

名　前		
2章：図2-1	解析事例	
3章：表3-1	A社解析事例	
3章：表3-1	B社解析事例	
3章：表3-1	C社解析事例	
3章：表3-3	解析事例	
4章：表4-6	解析事例	
5章：表5-12	解析事例	
6章：表6-14	解析事例	
7章：表7-7	解析事例	
7章：表7-10	解析事例	
8章：表8-1	解析事例	
8章：表8-5	解析事例	
9章：表9-1	例題①解析事例	
9章：表9-1	例題②解析事例	
10章：10.1	エクセルを使った例題	
10章：表10-1	解析事例	

索　　引

【英数字】

2乗和　　*17*
CP（工程能力指数）　　*151*
superMA分析　　*1*, *159*
t値　　*36*

【あ行】

アイテム　　*96*
因子分析　　*28*
　　──法　　*27*

【か行】

回帰　　*9*, *17*, *18*
　　──式　　*9*, *17*, *18*, *39*
　　──診断　　*58*, *66*, *152*
　　──直線　　*16*
　　──統計　　*34*
　　──分析　　*18*, *21*, *23*
　　──モデル　　*18*, *57*
外生変数　　*6*
解析可能性　　*154*
カテゴリー　　*96*
間隔尺度　　*27*
　　──データ　　*6*
危険率　　*35*
規準化残差　　*34*
基本重回帰分析　　*69*

　　──法　　*58*
逆行列　　*83*
逆変数　　*123*
逆連結関数　　*123*
共分散　　*14*
曲線回帰分析　　*2*, *23*, *135*
寄与率　　*16*, *34*, *39*, *162*
区間推定　　*23*
クラスター分析　　*28*
グルーピング　　*75*
クロスセッション　　*71*
経験・勘・度胸（KKD）　　*26*
係数行列　　*161*
検定　　*16*
工程能力指数（CP）　　*151*
個々のばらつき　　*25*
誤差の自由度　　*16*
誤差の標準偏差　　*34*
誤判別　　*85*
　　──率　　*85*

【さ行】

最小二乗法（最小自乗法）　　*17*, *21*, *59*
残差　　*17*, *43*, *59*
　　──平方和　　*64*
残差分析　　*33*, *152*
　　──表　　*67*
散布図　　*7*

索　引

時系列重回帰分析　71
実測値　64
重回帰分析　2, 23, 55, 57
　──法　27
周期性　153
重相関係数　45, 163
従属変数　6
自由度調整済みの寄与率　65
主成分分析法　28
順序尺度データ　6
象限　13
推定値　64
数量化理論Ⅰ類　27, 93
数量化理論Ⅱ類　28
数量化理論Ⅲ類　28
数量化理論Ⅳ類　28
ステップワイズ解析法　58
ステップワイズ重回帰分析　69
正規分布　18, 43
正規方程式　60, 61
正順相関解析法　28
説明変数　6, 44
線形判別関数　77, 78
線形モデル　57
潜在構造解析法　27
全自由度　16
相関　9, 12
　──係数　12, 13, 16, 40
　──分析　23
層別因子　94
層別回帰分析　2
層別単回帰分析　41, 43

【た行】

多項式関数　57
多重共線性（マルチコ）　95, 143
多重分割表　27
多変量解析　1
　──法　23
ダミー変数　97
単回帰分析　2, 23, 57
直交多項式　142
データ行列　159
点推定　33
転置行列　61
独立変数　6, 94
トレードオフ　9

【な行】

内生変数　6

【は行】

パネルデータ　71
ばらつき　9
判別関数法　27
判別得点　77, 84
判別分析　2, 73
比尺度データ　6
被説明変数　6
標準偏差　14
品質保証　25
不良率　123
分散　24
　──の期待値　17

索　引

――比　35
分散分析　17
　――表　34
　――法　27
分析ツール　165
分類尺度　27
　――データ　6
平均平方(分散)　17
平方和　14
　――行列　61, 160
偏回帰係数　35, 108
偏差　15
変数減少法　70
変数減増法　70
変数増加法　70
変数増減法　70
変動　11

偏微分係数　59
母集団　18

【ま行】

マルチコ(多重共線性)　143
慢性不良　27
目的変数　6

【や行】

有効繰返し数　36
要因　11

【ら行】

ラグランジェの定数　82
ロジスティック回帰分析　2, 123
ロジット関数　123
ロジット変換　123

著者略歴

花田　憲三（はなだ　けんぞう）

1950 年	大阪府生まれ
1974 年	大阪府立大学工学部金属工学科卒業後，㈱中山製鋼所に勤務．各種設備の企画・建設・立ち上げ・標準化，品質管理システムの開発・構築，生産管理システムの開発・構築，設備自動制御システムの開発・構築，人工知能システム，TQM を活用した工場運営などの業務に従事．
現　在	花田技術士事務所所長． （一財）日本科学技術連盟　講師（実験計画法ほか）．
著　書	『鉄鋼業 AI 時代』（共著，産業新聞社，1994 年） 『実務にすぐ役立つ実践的実験計画法―superDOE 分析―』 （日科技連出版社，2004 年）
資　格	技術士：経営工学（品質管理，登録番号：40192） 博士（情報科学：大阪大学）

実務にすぐ役立つ実践的多変量解析法
―superMA 分析―

2006 年 5 月 27 日　第 1 刷発行
2017 年 11 月 15 日　第 2 刷発行

著　者　花　田　憲　三
発行人　田　中　健

発行所　株式会社　日科技連出版社
〒 151-0051　東京都渋谷区千駄ヶ谷 5-15-5
　　　　　　DS ビル
電　話　出版　03-5379-1244
　　　　営業　03-5379-1238

検印省略

Printed in Japan

印刷・製本　河北印刷株式会社

© Yoshino Hanada 2006　　ISBN978-4-8171-9184-7
URL http://www.juse-p.co.jp/

本書の全部または一部を無断で複写複製（コピー）することは，著作権法上での例外を除き，禁じられています．

日科技連出版社の書籍案内

実務にすぐ役立つ実践的実験計画法 ―superDOE分析―

エクセルによる解析CD-ROM付

花田　憲三　著

A5判・200頁

【主要目次】

第1章　superDOE分析（スーパーDOE分析）とは
第2章　開発や改善における試験・実験例
第3章　実験における応用例（既割り付け表以外の分析法）
第4章　superDOE分析利用上の注意点
第5章　superDOE分析の理論

　近年，研究室や企業においては，"業務のスピード化"と"技術の蓄積"が最重要事項である．これらをどのような方法で実現すればよいか，その答えの1つが実験計画法である．

　しかし，一般的に実験計画法は数式が多く，難解であり，専門家でないと利用できないという意見が多い．

　本書は，むずかしい理論を意識することなく，簡単に使え，実務にすぐに役立てるよう，操作の簡単なツールを開発した．

　このツールは，superDOE分析といい，以下の特徴をもつ．

① あらかじめ準備した割り付け表（直交表）を用いる．
② 解析は専用のソフト（エクセルをもっていれば動作する）で行う．
③ また，解析結果を報告書にそのまま貼り付けることができる．

　このsuperDOE分析を本書に添付するとともに，その使い方と応用方法について紹介する．